日本经典技能系列丛书

操作工具常识及使用

（日）技能士の友編集部　编著　　徐之梦　翁翎　译

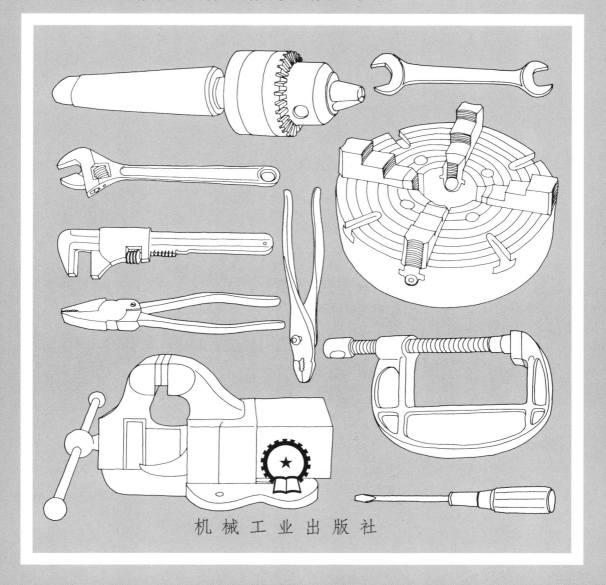

机械工业出版社

从卡盘、台虎钳这些机械加工中不可缺少的操作工具，再到扳手、螺钉旋具等简单的操作工具，都随其使用方法的不同而带来完全不同的使用效果。其效果好坏，只因使用方法不同，正确的使用方法可以在本书中找到。主要内容包括卡盘、夹具、虎钳、扳手、锤子、螺钉旋具、钳子、携带用动力工具、管工工具等的常识及使用方法。

本书可供钳工操作工人入门培训使用。

"GINO BOOKS 19: SAGYO KOGU NO TSUKAIKATA"
written and compiled by GINOSHI NO TOMO HENSHUBU
Copyright © Taiga Shuppan, 1975
All rights reserved.
First published in Japan in 1975 by Taiga Shuppan, Tokyo
This Simplified Chinese edition is published by arrangement with Taiga Shuppan,
Tokyo in care of Tuttle-Mori Agency, Inc., Tokyo

本书版权登记号：图字：01-2007-2334 号

图书在版编目（CIP）数据

操作工具常识及使用方法/（日）技能士の友编集部编著；徐之梦，翁翎译.
—北京：机械工业出版社，2009.12（2024.1 重印）
（日本经典技能系列丛书）
ISBN 978-7-111-29387-3

Ⅰ. 操…　Ⅱ.①日…②徐…③翁…　Ⅲ. 工具—基本知识　Ⅳ. TS914.5

中国版本图书馆 CIP 数据核字（2009）第 240522 号

机械工业出版社（北京市百万庄大街 22 号　邮政编码 100037）
策划编辑：王晓洁　徐　彤　责任编辑：马　晋　许文超
版式设计：霍永明　封面设计：鞠　杨
责任校对：姜　婷　责任印制：张　博
河北环京美印刷有限公司印刷
2024 年 1 月第 1 版第 7 次印刷
182mm×206mm · 6.833 印张 · 191 千字
标准书号：ISBN 978-7-111-29387-3
定价：35.00 元

电话服务　　　　　　　　　　网络服务
客服电话：010-88361066　　机 工 官 网：www.cmpbook.com
　　　　　010-88379833　　机 工 官 博：weibo.com/cmp1952
　　　　　010-68326294　　金 书 网：www.golden-book.com
封底无防伪标均为盗版　　　机工教育服务网：www.cmpedu.com

出版说明

为了吸收发达国家职业技能培训在教学内容和方式上的成功经验，我们引进了日本大河出版社的这套"技能系列丛书"，共 17 本。

该丛书主要针对实际生产的需要和疑难问题，通过大量操作实例、正反对比形象地介绍了每个领域最重要的知识和技能。该丛书为日本机电类的长期畅销图书，也是工人入门培训的经典用书，适合初级工人自学和培训，从 20 世纪 70 年代出版以来，已经多次再版。在翻译成中文时，我们力求保持原版图书的精华和风格，图书版式基本与原版图书一致，将涉及日本技术标准的部分按照中国的标准及习惯进行了适当改造，并按照中国现行标准、术语进行了注解，以方便中国读者阅读、使用。

目录

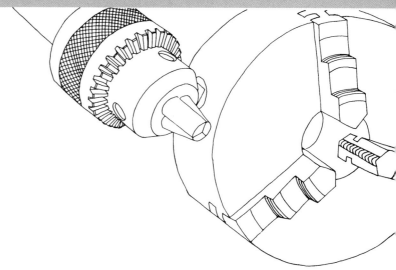

操作工具，其大部分是由现场工程技术人员发明，历经漫长岁月加以完善而成为今天这样的。其间出现了各自的制造厂商，并进而标准化。不管机械枝术怎么进步，这类操作工具都是不可缺少的。不过，操作工具因其作为配角而存在，故而不太受到重视。

本书虽然承认操作工具的配角作用，但更重视它，认为没有它是不行的。这是一本全面阐述"操作工具的常识和使用方法"的书。

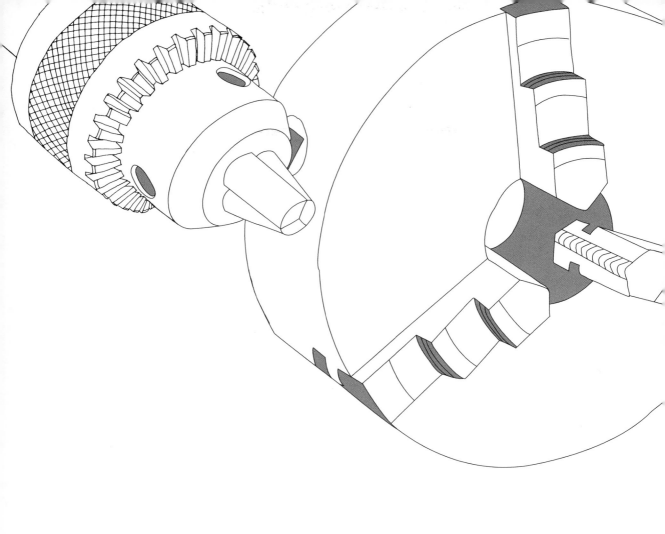

卡盘·夹具

▲四爪单动卡盘

▲三爪自定心卡盘

卡盘的

种类

▲双爪卡盘

▲圆形电磁卡盘

▲钻夹头

▲丝锥夹头

▲各种动力卡盘

チャックchuck（卡盘）一词，在日英词典里有多种含义。作为机械用语，仅出现"车床的卡盘"，而没有"衔"、"抓"之类的语义。由于美国机械类书籍中出现了"chuck"一词，所以日语把它引为外来语，发音"チャック"，意为卡盘。

卡盘有多种。首先是车床用卡盘，它"抓住"车床主轴端的被切削材料，并使之与主轴一起旋转。

卡盘是用卡爪夹持被切削材料。夹持方式有两种：一种是起夹紧作用的卡爪每个单独活动；另一种则是所有的卡爪同步活动。作为车床的附属品，每个卡爪单独活动的卡盘是"四爪单动卡盘"，亦称分动卡盘（independent卡盘）。

卡爪同步活动的是盘丝式卡盘，通常有三个卡爪，也称三爪自定心卡盘或联动卡盘。它之所以是三个卡爪，原因在于这样既便于夹紧多种圆棒和六角棒，又符合力学原理。

还有一种仅用两个卡爪却能夹持自如的双爪卡盘。它有两种活动方式：一种是两卡爪联动，采用盘丝式的方式；另一种是通过四爪单动卡盘的螺杆正反转使卡爪移动夹紧工件。

加工材料要是夹不住，在车床上也可使用电磁吸盘，即只用永久磁铁吸住材料的卡盘。其原理与依靠永久磁铁的磁力表架相同。

此外还有在夹持动力方面使用油压、气压等压力的，通常称为动力卡盘。

加工大量小直径材料时，特别是在自动车床上多半使用弹簧夹头。

若用钻头代替被紧固的工件，会由于结构不同而形成钻夹头。

夹紧工具有的也制造成像攻螺纹机那样可进行空转、反转的。

平面磨床主要使用电磁吸盘。电磁吸盘有的利用电磁铁，有的使用永久磁铁。和其他工作台一样电磁吸盘也是圆形的旋转、矩形的不旋转。

▲使用永久磁铁的电磁吸盘

主轴端形状与卡盘安装

卡盘是安装在车床主轴上使用的工具，所以车床主轴的形状与卡盘内侧（安装侧）必须对应。车床主轴端，以前是车床制造厂根据本厂机械而制造的，特别是"螺旋式"的车床全是如此。卡盘厂家则专门生产卡盘。为了使二者结合，需另外生产专用的联轴器，从而使卡盘和主轴端匹配。因为主轴粗细、螺纹螺距不同，只有采取这种办法才能保证卡盘正常使用。

当车床的功率加大、骤然停机或急剧反转时，螺旋式主轴端就有容易从联轴器中脱出的危险。因而，要把主轴端标准化制造成安全可靠的形状。日本机械工业引进了国际标准，目前基本上是仿效美国的 ASA 标准。JIS标准也是仿效美国的。

当然，与主轴端相对应的卡盘也必须适合该标准。在 JIS 标准中，对锥形键式、凸轮锁紧式、法兰盘式等各种样式的主轴端，都规定了

▲旧式车床主轴端带螺纹

▲锥形键式主轴端

▲现在标准的主轴端

各部分的尺寸。现在通用的新型车床几乎都采用法兰盘式主轴端，与之相适应的卡盘也日益增多。

主轴端是法兰盘式，卡盘主体后侧也做成该形状，这样就缩短了突出长度，

▲直装式四爪单动卡盘背面法兰盘式主轴端

▲直装式三爪自定心卡盘背面法兰盘式主轴端

而不需要多余的联轴器。新的卡盘，特别是四爪单动卡盘就是这种结构，称为"直装式"。

▲这个三爪自定心卡盘（左）需要法兰盘式联轴器（右），外侧的 3 个孔用于卡盘，内侧的 4 个孔用于主轴端

▲凸轮锁紧式联轴器外侧的 3 个孔用于卡盘安装

　　不过三爪自定心卡盘不一定是那样的。三爪自定心卡盘的寿命较四爪单动卡盘的要短得多。如果无法调出中心，就不能用了。但它可以通过改变紧固孔或在原有偏差状态下调整卡盘整体位置的方法进行修整。

　　将联轴器（法兰盘）加在三爪自定心卡盘和主轴侧之间，其安装孔留出 0.1mm 左右的间隙。于是，在联轴器与主轴结合的状态下由被

▲把联轴器装在法兰盘式主轴端

▲在主轴端安装联轴器

切削材料定心，可在所留空隙范围内修正卡盘。这样能延长三爪自定心卡盘的寿命。多数情况下三爪自定心卡盘的背面与联轴器的安装孔相配合。

▲三爪自定心卡盘用被切削材料定心

▲在该状态下卡紧固定螺栓

卡爪（卸下状态）

固定螺栓

卡盘主体

丝杠

四爪单动卡盘通常称为"四爪卡盘"。所谓"单动"是指四个卡爪分别单独活动。

以车床为首的机床所采用的四爪单动卡盘，是由以 25mm 为一个单位分割卡盘主体直径的数值，作为表示大小的公称号。这么说较为复杂，为了易懂起见，可用 1in=25.4mm≈25mm 表示直径。从公称号 6（直径为 150mm）到公称号 24（直径为 600mm）之间，以 2（直径为 50mm）作为间隔，有 10 种大小。即把从前的英制换成了米制，不过现在也还有些人仍用英制。

现在根据照片来说明四爪单动卡盘的结构。

从外周看，将手柄插进卡爪所在的四角孔内，向右旋转时卡爪向内侧（中心侧）前进，向左旋转则卡爪后退。持续使其后退，卡爪就从卡盘主体脱出而被卸下。丝杠由主体内侧支持，中间位置保持不动。卡爪嵌入主体的槽内，被引导径向进退时，卡爪的螺旋齿条与丝杠的螺纹相啮合。

因为四爪单动卡盘是使四个卡爪分别单独活动，夹在中心的物件（主要是被切削材料）可对其进行定心，所以能保证精度。即使各卡爪和槽之间有间隙，或者卡爪夹持被切削材料的部位受到磨损，由于是通过各个卡爪进行操作的，所以仍能定心。

四爪单
动卡盘

虽说如此，卡爪磨损后还是会出现种种故障的。车床作业用四个卡爪夹紧被切削材料，夹持部分靠近卡爪的尖端。如果卡爪被磨损后去夹持，常常会在力的作用下产生误差。这样一来，着力部位即卡爪的尖端部分、卡爪和卡盘主体的槽着力一侧都将磨损，结果会使卡爪产生误差。

▲公称号 12 以上有 T 形槽的卡盘

▲如果精度高会迫使工件紧贴主体

▲卡爪在两处处于反侧

▲不能这样从主体中取出卡爪

若四个卡爪存在差异，即使能够夹紧，卡爪推挤被切削材料的力发生变化，被切削材料受到某种力的作用，也有振动或脱落的危险。这时，卡盘的精度就会存在问题，要修正和更新就较为困难了，何况螺栓也会受到磨损。

在 JIS 标准中，规定卡爪夹紧工件的部位和手柄四角部的硬度为 $H_RC55{\sim}60^{\ominus}$，丝杠的硬度为 H_RC45 以上。

公称号 12 以上的卡盘有 T 形槽。也有代替 T 形槽，从卡盘里侧插进固定螺栓的。

使用方面没有什么特别的问题。只是由于卡爪和主体之间无间隙，进行强力切削时，被切削材料的端部要全部贴紧主体。其他情况下通常二者间要垫上 10~15mm 厚的垫块。

应该避免由于被切削材料直径过大，卡爪大大超出主体外周的情况。因为这样既会缩短卡爪与槽之间的嵌距，同时又会缩短紧固卡爪与螺栓的配合长度，从而不能承受足够大的力。这时应卸下卡爪，将内外方向互换。

⊖ 在日本，硬度的表示方法与我国有差别，本书保留原书的表示方法。

スクロールチャック（三爪自定心卡盘）中的スクロールscroll 意为"螺旋"。三爪自定心卡盘是采用螺旋形盘丝的卡盘。现在来分解三爪自定心卡盘。

首先打开后盖。卡盘主体和后盖都采用铸铁（FC25）材料制成。内部可见锥齿轮，三个副锥齿轮（驱动侧）啮合着。不过照片上由于存在阴影，有一个副锥齿轮难于见到。

手柄用的方孔与副锥齿轮相吻合，副锥齿轮的支撑方式通过照片可以了解。手柄带动副锥齿轮旋转，与之相啮合的大锥齿轮也就随之旋转。

大锥齿轮以卡盘主体中央部位的空心轮毂为轴嵌入。在其对侧即前侧有螺旋形槽。如果松开阻止副锥齿轮的止动螺钉，副锥齿轮就向卡盘主体的外周侧脱出。副锥齿轮一退出，大锥齿轮附着的盘丝也能取出。

在此盘丝上有三个卡爪啮合着。试把脱离卡盘本体的组件像照片那样在外部组装，就构成这种关联：前面三个卡爪背面的中间部分各有一个副锥齿轮。由于这种关系，当用手柄转动副锥齿轮时，大锥齿轮（盘丝）也随之旋转。基于此，与盘丝啮合的卡爪受卡盘主体槽的制约和引导而进行径向运动（出入）。

由于盘丝由外周向中心方向构成同齿距，所以该盘丝一旋转，与之啮合的三个卡爪随之移动，如此一来便会在卡爪的内侧或外侧夹紧被加工物。

说是卡爪的内侧和外侧，不过它与四爪单动卡盘的卡爪不同。四爪单动卡盘的卡爪可以颠倒面向任何一方使用；而三爪自定心卡盘由于是螺旋形结构，副锥齿轮没有反向，故而分别使用内向专用、外向专用的卡爪，即反卡爪、正卡爪。

另外，三个卡爪并非安装在哪里都可以。因为旋转1周为1螺距，所以如果卡爪移动1/3周（120°），则是移动1/3螺距。由于三个卡爪在同一个圆上，与盘丝相啮合的卡爪端面螺纹，每齿必须各移动1/3螺距。三个卡爪的顺序也固定，不能自由更换。

▼打开主体后盖

▼左边是反卡爪，右边是正卡爪

▲▼从主体取出看结构，上图是有卡爪的一面，下图是后面

▼卡爪端面的齿各离开 1/3 螺距

现在进一步深入说明三爪自定心卡盘的工作原理。

因螺旋形盘丝从外周到内周为同一螺距，故而随着盘丝的旋转，卡爪在内、外间等距活动。靠近外周的圆和靠近内周的圆半径不同，且因不是同心圆而是无级变化下去的螺旋形，所以圆的曲线也时时刻刻变化着。

由此可知，三爪自定心卡盘的精度受此盘丝螺距精度的影响。盘丝的制造方法与套制螺纹的原理相同，只是其螺纹向着直角方向延伸，因此也被称为"平面螺纹"。

其次，与最初的问题有关，尽管说是同一螺距，可是在盘丝半径不同的位置上螺纹的曲线不同。这样一来，同一卡爪在外←→内活动时，又怎么相同地啮合呢？

请详阅上一页中卡爪里侧与盘丝啮合的齿的形状。

卡爪的齿不是单纯的曲线，齿外侧和齿内侧曲线是不同的，呈新月形。并且对于齿的中心线不是对称的，而是稍有倾斜。

就一个齿而言，其外侧的曲线与盘丝最内侧的曲线相合，内侧的曲线与盘丝最外侧的曲线相合。

卡爪的齿与盘丝接触，是盘丝的齿的内侧与卡爪齿的外侧相接触。由于两曲线完全不同，理论上只在一点上接触。

盘丝与卡爪的啮合是 3~4 齿，如同四爪单动卡盘那样多数齿不啮合。实际上着力时多少会使其变形，形成小范围的面接触，应施以极小的力使之夹紧。

这是"三爪自定心卡盘紧固力弱"的理由。并且还构成另一结构上的问题，如前面的照片所示，卡盘主体的后侧是敞开的，因此卡爪如强力紧固，主体就会产生变形。当然，若作用力消除则此变形复原。为避免发生这种情况，也有的卡盘把主体分割为前后两个部分对其前后面加厚。

▼卡爪的齿只啮合 3~4 齿

仅此倾斜

▲**盘丝和卡爪的啮合**（照片中卡爪与盘丝啮合，通过透视状态了解构成）

▶**主体后面加厚的耐强紧固力的三爪自定心卡盘**

三爪自定心卡盘的使用

三爪自定心卡盘不像四爪单动卡盘那样要进行定心操作，这是很大的优点。就是说在任何情况下都能自动定心，否则便失去其价值了。

JIS 标准规定了其性能的检查方法，以及偏差、夹紧力等的数值，不过只有通过现场实际观察加工产品时的振摆，才能充分了解。当然若像图 1 那样用 JIS 标准规定的方法进行检测就不存在问题了。

JIS 标准规定用于紧固的手柄方孔（副锥齿轮），在一定范围内使用哪个都行。实际操作中"三爪自定心卡盘的紧固总是使用同一方孔"，这是原则也是常识。另外如图 2 所示，厂商注明了"使用此方孔"的标示。

从使用方法来讲，没有其他的问题，只是从结构考虑其夹紧力弱，不能像四爪单动卡盘那样使之强制起作用。常有如下的情形：在强力切削时振动，不能克服切削抗力使得被切削材料空转或深入主轴孔。

三爪自定心卡盘的夹紧力弱，若对手柄施加承受能力以上的力时，则锥齿轮的齿、盘丝和卡爪的齿等部件会变形，过度用力就会永久变形导致精度下降。

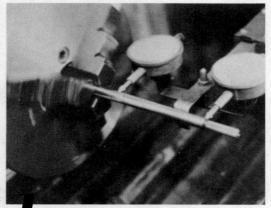

1 在若干部位检查其直径，检验中心振摆程度

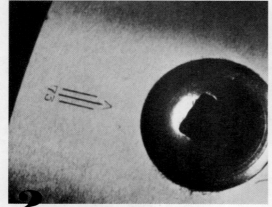

2 厂商注明"使用此方孔"的标示

3 空载时三个卡爪夹持面的研磨加工

三爪自定心卡盘的精度下降，主要在两处出问题。

一是卡爪的夹持面，这是容易磨损的地方。夹持面的尖端（前面一侧）使用得多，自然要受磨损。损伤程度小时，如图3可像厂商制造时那样通过空转状态的研磨而加以修整。

精度下降的卡盘，盘丝、卡爪的齿也会有某种程度的损坏。可以在承受某种程度负荷的状态下，用工具研磨机研磨内表面。图4是该用途自制的样板，像图5那样使用。

精度下降的另一个地方是盘丝的损伤，像图6那样盘丝的齿或出现缺口或变形。可将变形后鼓出的部分削去。要达到平稳运行，最好在制造厂修理。若盘丝齿距精度下降，则无论卡爪怎么平稳运行，中心振摆的检验结果也不会好。这时应清洁盘丝，使卡爪的齿与之啮合。

这种损伤，原因在于强制夹紧、切屑进入内部。所以不要疏忽日常清洁工作，且莫使切屑进入里面。

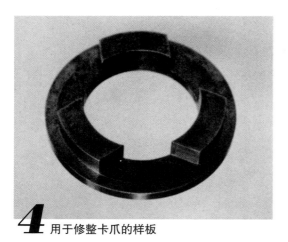

4 用于修整卡爪的样板

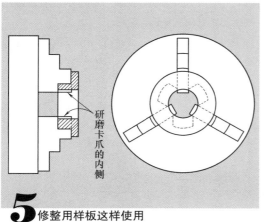

研磨卡爪的内侧

5 修整用样板这样使用

6 盘丝的损伤

未淬火卡爪三爪自定心卡盘

▲未淬火卡爪与卡爪座

这是把三爪自定心卡盘的卡爪改为"生爪"（未淬火卡爪）。有关"生爪"（注：日语汉字词，即未淬火卡爪）名称的由来并不清楚，总之是"柔软的卡爪"的意思。

本来卡盘的卡爪必须能牢固抓紧被切削材料而又耐切削，其硬度保证不会因为稍稍加力就变形或带压痕。

说它"柔软"，是指该卡爪抓紧被切削材料的部分能按其尺寸切削成形的硬度。

▲把未淬火卡爪安装到卡爪座上

▲把环加入未淬火卡爪内用车刀切削

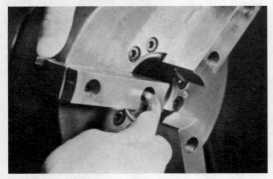

▲用内六角螺钉联接

▲按一定尺寸成形的未淬火卡爪夹持被切削材料

▲未淬火卡爪并非只制成圆的。这样成形，也可加入异形物 （右侧是坯料和成品）

卡爪切削成形后，会随着各种变形而不断缩小，最终全然没有了，不能再使用了。那样既不方便又不经济。

可将卡爪分成"卡爪座"和"未淬火卡爪"，二者用两根内六角螺钉联接。结合体设双向的峰和槽以使之不能横、纵向活动。其位置、尺寸等根据三爪自定心卡盘的规格（大小）来确定。

这样一来，即使未淬火卡爪损耗，也可补充、更换。三爪自定心卡盘的结构都一样，只是普通三爪自定心卡盘的卡爪是表面淬火

▲卡爪座也能安装硬爪

的铬钢（SCr21），卡爪座是渗碳的机械结构用碳素钢（S15CK），两者都经过热处理使表面部分硬化。

左侧的图中最上面的是未淬火卡爪，制作时要适应被切削材料的尺寸，因而必须用车刀切削。它是碳钢的锻钢品（SF34）。由于是锻造的构造用轧制钢（SS），所以不存在问题。

未淬火卡爪如图由内六角螺钉联接。实际中为了节省经费，在未淬火卡爪之外也还备有"硬爪"。在使用中可以不更换卡盘只更换卡爪。

为了成形所需形状的未淬火卡爪，要把该尺寸的环加入卡爪内，必要时用车刀少量切削卡爪内侧。不管在何处使用未淬火卡爪，都要准备各种尺寸的环。每次按需要制作的环，要将它们保存、整理起来，经过一定年限就能成套配齐了。

三爪自定心卡盘并非只用于紧固圆棒和六角棒，它有各种各样的用途，这里仅介绍一例。

1

三爪自定心卡盘可作为夹紧薄壁加工件的工具，既能使之夹紧，不出现振动，又确保工件不变形。在未淬火卡爪的三爪自定心卡盘的卡爪座上置以均衡器来代替未淬火卡爪。均衡器使三个卡爪在某一范围内对轴左右移动。卡爪制成照片中那种形状，针对被切削材料的情况在两处抓住最平衡的位置。用3个卡爪控制6个地方，力被分散，从而防止了薄壁工件变形。

2

把均衡器向前方延伸，同样也控制前方的6个位置。另外，向卡爪前方延伸的均衡器的柄部在前后方向上可自由偏移，于是总共就控制了12个位置。

3

上面的照片是根据被切削材料的形状将未淬火卡爪制成特殊形状，在加长的未淬火卡爪尖端处卡紧被切削材料。

下面的照片也是类似的特殊形状的未淬火卡爪。

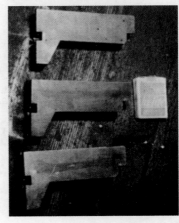

心卡盘的应用

4

这种未淬火卡爪长度长，是为控制外周精加工工件的全长。其中央部分去除了材料。为牢固夹紧起见，卡爪壁应加厚。

5

这种未淬火卡爪可夹持比薄壁更脆弱而容易振动的工件。在最根部加力，尖端部则宽宽地轻轻夹持使之不发生振动。尖端可自由偏移。

6

这是在相反侧的位置上旋转顶尖变形使用的卡爪，可从内侧支撑容易振动的工件。使用最小的 3 号三爪自定心卡盘。安上与回转顶尖尺寸相配合的法兰盘，再把卡爪安到回转顶尖上去。

弹性夹头的结构

　　弹性夹头是操作简单、装拆快速且能定心的工具。它有各种形式，其共同特点是，向弹簧筒夹施力时夹持，若把该力撤消，则弹簧复原从而放开夹持的物件。

　　在大量加工同一直径工件的场合，使用起来非常便利。使用自动机床时，通常通过主轴把长棒材料安装在弹性夹头上进行连续加工。用它夹持工件外周的方式有三种。

　　挤压式（推出）：压夹头后端面，使弹簧筒夹的锥度部压紧在锥套上。这种方式有如下缺点：因为被切削材料的直径有差异，所以弹簧筒夹与被切削材料的位置就各有不同。被切削材料的直径小时，必须要把筒夹挤进去，从而把筒夹沿长度方向大大拉长。假定筒夹的锥度是30°，被切削材料直径有0.1的误差时，则在长度方向上的变化约为0.27。就这一点而言，绝不可用于对长度方向精度要求高的工件。主轴方向的力（纵向进力）会随时松弛。

　　外螺纹拉式（障碍）：这是利用挂钩牵引弹簧筒夹后部的螺纹，把其锥度部紧压在锥套上的方式。这种方式与挤压式相同，也受被切削材料直径存在差异的影响。缺点虽相同，但它也有优点：零件件数少，可在放松时把力直接加给筒夹，因而与挤压式靠筒夹自身弹簧的力而退回相比，其动作可靠。另一个优点是，主轴方向的力（纵向进力）随时可将其夹紧。

　　固定式（静止）：这种夹头的方式是，使弹簧筒夹的基准面与端盖内侧贴紧，让锥套向前移动，使锥套与弹簧筒夹的锥度部相互压紧。这种方式下，筒夹自身不运动，而是通过基准端面定位。所以即使被切削材料的直径不同，也仅是锥套移动量变化，被切削材料长度方向上的位置不变。此外，筒夹自身在紧固时不需压力（挤压式）、拉伸力（外螺纹拉式），所以其寿命长，纵向精度也好。另一方面，为了把锥套安装在卡盘内部，难免会使被切削材料的直径变小，增加锥套的与嵌合有关的误差。

　　以上是夹持工件外周的弹性夹头。也有内径基准（内径式）的弹性夹头。

　　在这些方式中，JIS标准规定固定式的为S形、外螺纹拉式的为D形，并规定了弹簧筒夹的公称尺寸、口径、各部尺寸、质量等。

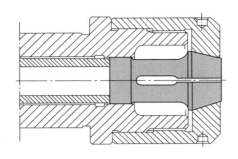

▲挤压式弹性夹头的结构

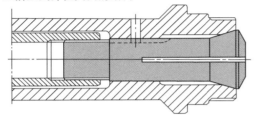

▲外螺纹拉式弹性夹头的结构

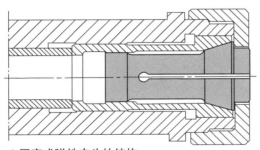

▲固定式弹性夹头的结构

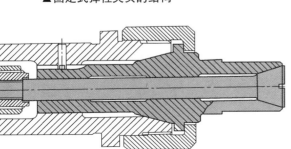

▲内径式弹性夹头的结构

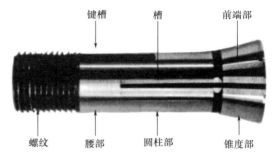

▲外螺纹拉式弹簧筒夹

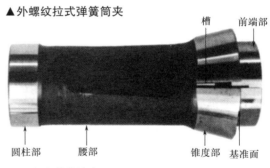

▲固定式弹簧筒夹

23

弹性夹头的使用

说是弹性夹头，其实标准中规定的仅是22页上的弹簧筒夹。相当于主体的部分，必须使之与所用机床相适应。

自动车床因为必须要用弹性夹头，所以主轴自然成为卡盘的主体。在转塔车床、卧式车床上利用主轴的莫氏锥孔来安装夹头。因为拉杆、套筒是从弹性夹头后侧操作的，所以要有贯穿主轴可以用手操作的装置。

弹性夹头最重要的部分是弹簧筒夹，而在筒夹上起重要作用的是锥度部、圆柱部（引导部）、腰部、孔径部（卡盘部）四个部分。

锥度部极大地影响精度（振摆）、夹紧强度，JIS标准中定为30°。

重要的是它的接触状态。一般情况是

锥套的角度应尽量大一点，以便夹紧大直径工件时能接触良好。不过，即便接触状态好，如果该接触面积过小，则振摆也会加剧。要是被切削材料的直径不同，接触状态会变化。

圆柱部（引导部）和抓住被切削材料的锥度部一起，起着使夹头稳定的作用。所以这部分的配合、圆柱度以及与锥度部的同轴度都很重要。不言而喻，对与之配合的夹头内表面也有同样的要求。

腰部是决定筒夹弹簧的部分，如使弹簧强力过强，会影响圆柱部（引导部），使圆柱度误差加大。圆柱度随着整体长度、厚度、槽的深度与形状等变化。

▲自动车床用于大批量生产，在主轴上应用的弹性夹头

▲各种弹簧筒夹　由右向左：直径为 19 的圆棒所用的固定式、直径为 8 的圆棒所用的挤压式、对边距离为 32 的六角棒所用的挤压式、直径为 1.5 的圆棒所用的外螺纹拉式、对边距离为 17 的六角棒所用的固定式

　　孔径部（卡盘部）是夹紧被切削材料的部分。孔径尺寸要和被切削材料的直径相一致。另外，还需要适应被切削材料大小、切削抗力和卡盘面积。而且耐磨性也很重要。

　　以上这些，在仅仅使用已有产品时不能完全满足加工需要。使用效果不佳的情况下，要牢记检查标准。

　　在贯穿棒材连续加工的场合，使用市场出售的产品较省钱。当然，卡盘主体是按照自己机床的主轴来制作的，圆柱体内侧的连接孔要适合标准产品的尺寸。另一方面，卧式车床、转塔车床经常使用二次加工用的夹头。在这种场合下也经常自制夹头。自制时

要注意上述问题。

　　不管怎么加以注意，如果使用方法不当，夹头的寿命就会缩短，加工精度、效率都会下降。

　　最重要的问题是紧固力和切削抗力的平衡。如果负载超出夹头夹紧能力，就会产生空转、精度下降、破损等情况。

　　还有一点是，被切削材料的尺寸是不同的，前提条件是夹头的孔径与被切削材料的外径要一致。在进行初加工时，不能避免被切削材料尺寸不同。锥度部接触状态的变化会产生中心振摆、紧固力变化等各种影响。

钻夹头的结构

钻夹头犹如文字描述的那样，是直柄钻头所用的卡盘。

钻夹头分为机床用和电钻用两种，外观无大差别。机床用钻夹头的精度很高，通常高级别的钻夹头振摆为 0.04，普通级别的钻夹头振摆在 0.08 以下，手持式电钻用电夹头振摆为 0.2 以下。

根据钻夹头的最大直径，其规格有 5、6.5、10、13 几种。此数字是可以夹持的最大直径。因为直柄钻头的最大直径是 13mm，所以这样是很合理的。但电钻用也有 16mm 的，可根据需要来制作这种钻头使用。原因在于，根据钻头直径，柄有锥形的有竖直的，作为携带工具不大方便。

为了区别，机床用的钻夹头用 M⊖表示，电钻用的普通型用 E 表示，轻量型的用 EL 表示，与公称尺寸一道来标识。机床用的也有以 0、1、2、$2\frac{1}{2}$ 这类号码表示的。高级别的标以 S、普通级别的标以 G。

下面来分析钻夹头。实物无法拆卸，因为齿圈、螺母是通过压入组合的。在组装前把螺母分开，卡爪啮合在螺母上。卡爪看起来与其说像螺栓，不如说更像齿条，是将螺栓 3 等分后的一部分。它的原理和三爪自定心卡盘的卡爪齿相同。另外，该螺栓是锥形螺栓，而且因只承受紧固单一方向的力，所以它的齿为锯齿形。

主体的 3 等分位置上有引导孔，卡爪在该孔内随着螺母的旋转而进出。该孔相对于中心线构成角度，所以卡爪前进时就一同接近，后退时就一同离开。当使卡爪相向的内侧面与中心线平行时，就是卡爪开启的最大状态。

这种形式的钻夹头是美国 Jacobs（雅各布）公司开发的。为把钻夹头安装在车床上而在后侧设置了锥孔，这是很特殊的，故把该锥度称为雅各布锥度。钻夹头的规格由雅各布锥度和钻夹头公称尺寸的组合来表示，没有前后顺序之分。

机床、钻床等都是莫氏锥度。台式钻床虽有一部分是雅各布锥度，但也是莫氏锥度居多。机床主轴孔与钻夹头孔相互配合需要专用的杆。为避免这种麻烦，钻夹头也有采用莫氏锥度的。

⊖ 我国标准中规定，重型钻夹头用 H 表示，中型钻夹头用 M 表示，轻型钻夹头用 L 表示。

②齿圈

⑤扳手

④螺母

①主体

③卡爪

▲分解钻夹头（因螺母是压入主体的，所以实际上不能拆卸）

▲螺母（将一面剖开）和卡爪的啮合状态

▲卡爪是多线螺纹，齿距为 1/3

▲M 是机床用的，G 为普通级

▲后侧的孔是雅各布锥度

钻夹头的使用

钻夹头的使用方法大体上以常识判断即可理解。把有滚花的齿圈向左旋转时，3个卡爪后退并打开。开到一定程度时，放入钻头。反过来将齿圈闭合（向右旋转），则卡爪前进且夹紧。这只是临时夹紧。之后

要把扳手插入主体上的孔，使两边的锥齿轮啮合，将扳手右旋夹紧。因锥齿轮的传动关系，齿圈也向右旋转，通过上述结构而紧固。

这里有一个重要问题是，在三爪自定心卡盘的情况下用扳手夹紧时要使用同一个扳手孔，倘不如此定心状态就不能保持；可是钻夹头前提却要3个扳手孔全都使用，这样能均等地夹紧。

该钻夹头的活动有时会发生迟钝的情况。开头时齿圈用手很难旋转。就是用扳手也不能使夹头非常牢固地夹紧。于是虽知不好却把厚质车刀垫板或角材残片之类的东西与齿圈的齿接触，动不动用锤子敲打，这毕竟不是好方法。

① 插入钻头

② 一面支撑钻头一面转动齿圈将其夹紧

钻夹头之所以变迟钝，是因为螺纹磨损变形，或细小切屑进入螺母周围及卡爪与槽之间。

钻夹头本没有开口，所以大的切屑不能进入。可是卡爪有出入运动，就会从其仅有的空隙进入极细小的切屑。这样，螺纹的磨损也就难以避免。出现这种现象就需要考虑其寿命了，因为钻夹头的齿圈是被压入的，不能再拆卸。

还有，不要在紧固不充分的状态下使用，而使钻头空转。特别是不要让切屑等进去，否则就不能充分夹紧。

钻头如果空转，工作中间将会白白浪费力气。钻头杆因没有淬火所以会受损伤。卡爪有 H_RC53 以上的硬度，基本上不成问题，但也是有限度的。

这种空转会导致钻头和卡爪出现卷起、隆起的损伤，怎么紧固也不能充分夹紧。这

▲钻头杆有很多伤痕。这是夹进某种异物造成的，所以最好能想到卡爪也会有损伤

些情况都必须弄清楚，否则即使是完好的钻头也可能被损坏。

另外，扳手经常会遗失，可用细绳将其拴好挂在钻床上。

③ 用扳手紧到底

④ 齿圈的转动变迟钝时不能这样操作

动力卡盘

8~25 页的卡盘都是用人力夹紧的，而用广义上的机械力夹紧即动力化的属于动力卡盘。

动力化的方法有很多，如用马达代替普通三爪自定心卡盘的手柄使之转动，在主轴台上安装动力装置也属于广义的动力卡盘。

弹性夹头在自动车床上使用时也完全自动化、动力化。通过主轴孔，用凸轮、气压、液压等对筒夹、套进行拉或推的运动。

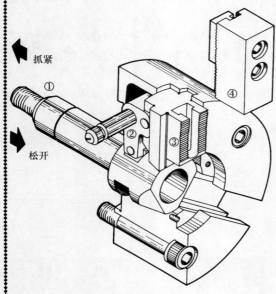

▲液压（气压），与液压缸（气缸）直接连接的牵引螺栓①靠活塞前进而被推挤，通过②的曲杆让槽里的卡爪座向上滑动，软钢卡爪④放开被切削材料；活塞后退，进行逆动作，软钢卡爪抓紧被切削材料

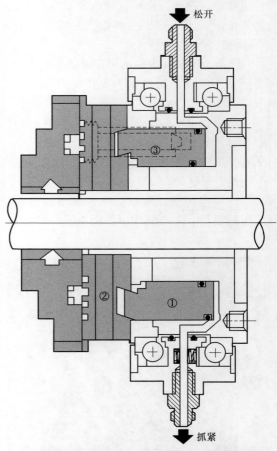

▲一供给液压油就使活塞①前进，②的卡爪座上推，在放开工件的同时压缩动力装置③；一停止供给液压油，由动力装置的压缩反作用力推动活塞还原夹紧

这些动力卡盘，卡盘本体的结构不变，仅仅是把人力变成动力。然而一般所说的动力卡盘是最狭义上的，其动力是气压或液压。提供气压力或液压力的装置，气压是空气压缩机和与之配套的机械产生的，液压是液压泵产生的，它们的装置中都有导管、软管等部分。

本页中大家看到的就是使用气压、液压的卡盘结构举例。

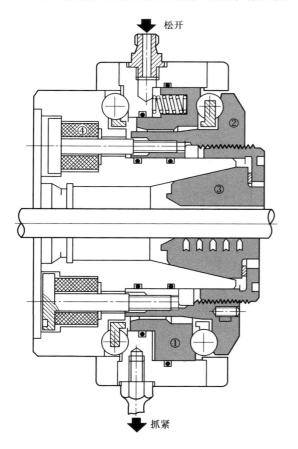

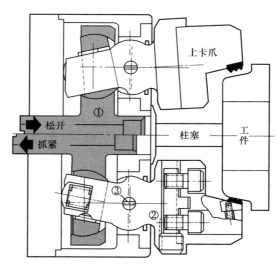

▲一供给液压油就推动活塞①，通过球使滑套②前进，筒夹③沿着主体锥度部滑动，因受其弹力作用而向外侧打开；另一方面，此时动力装置④被压缩。液压油一停止供应，靠动力装置的压缩反作用力推动活塞还原夹紧

▲随着活塞的前进，传动器①就沿着卡爪传动器②的根部滑动，卡爪传动器②以平衡销③为中心旋转，卡爪张开。活塞后退则进行反动作而还原

电磁吸盘是使用电磁铁的卡盘。其种类有方形和圆形两种。方形安装在机床的工作台上（卡盘、被切削材料）进行往复运动；圆形用于旋转运动。

方形电磁吸盘的规格用宽度×长度来表示，从 100×150 到 500×1500 共有 13 个种类。圆形电磁吸盘的规格从 160 到 1000 共有 9 个种类。

电磁吸盘的原理是，利用电磁铁的吸力把磁性体的被切削材料吸附在基面上。虽说是卡盘 chuck，但并不是"夹持"。电磁铁是在铁心上绕线圈，一通电流该铁心就成为磁铁；切断电流，磁性就消失。所以电磁吸盘是在内部装有电磁铁，通过开、关电门使卡盘工作的。

现在来看方形电磁吸盘的内部结构。右边的是主体，左边的是面板（见下图）。主体中的白色物是线圈。线圈装有两个，在线圈相对一侧的两端引出电线，与外部电源软线相连。其他部分相当于铁心。基面的板（面板）附着在主体上面。

研究面板时请回忆在学校物理课上学的磁铁。磁铁有 S 极和 N 极，两极间有磁力。根据两极间的距离或磁性通过体截面积的大小、材质不同，磁力或容易流动或难于流动（磁阻大）。

电磁吸盘是在基面上把磁铁两极相互靠近，其上安装被切削材料，使 N、S 两极间形成磁力流动的通路。磁铁之所以吸引磁性体（被切削材料），是因为有这样的磁力通路而构成磁阻最小的状态。

面板的里侧（下侧）与主体的上侧紧贴，构成一体磁极。面板里侧内部与主体内侧部分相接触，外周部分与外周部分相接触。于是面板内侧部分和外周部分，其间隔以绝缘体（隔离物）而被凝固成一体。所见的白色部分就是其凝固物。

圆形电磁吸盘的原理与此相同，主体（铁心）缠上线圈，在它的上面和方形的一样装着由隔离物分隔而凝固成一体的面板。

该隔离物的分隔方式，即面板上磁极形状，在 JIS 标准里有环形磁极（同心圆状）和星形磁极（星形、放射状）。

▼方形电磁吸盘

电磁吸盘的电源是直流的，需要使用整流器将交流转换为直流。

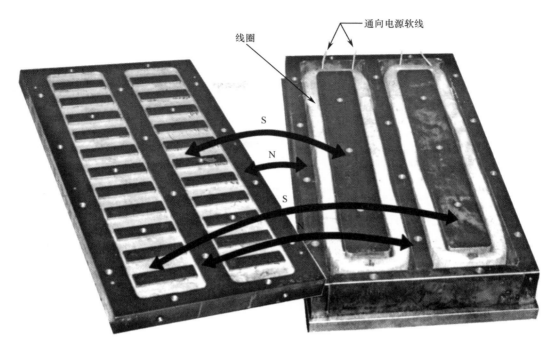

線圈

通向电源软线

S

N

S

N

▲方形电磁吸盘的内部。右边的是主体，两个白色部分是线圈，其上各有两条电线。面板安装在主体上（照片里侧），箭头所指的面相互贴合，在面板上形成 S 和 N 磁极

▲圆形铁心　　　　　　▲环形磁极　　　　　　▲星形磁极

电磁吸盘的使用

当把被切削材料安装在电磁吸盘上时，要注意与其他卡盘的不同之处。首先，工件的基面必须平。它不像其他卡盘那样夹紧力从周围起作用。因为只向一个方向吸引，所以基面凹凸不平就会导致不稳定。

当然，吸盘面也必须平整。作为工具，电磁吸盘的基面应是洁净的平面，它上面如有切屑之类的异物，会使吸引力减弱、工作不稳定。使用时应该用橡胶一类的软东西向一个方向揩拭，然后用干净棉纱擦干净，最后像图①那样用擦干净的手抚摸证实。操作必须从一个方向进行，不可往复。

使用电磁吸盘最多的是平面磨床。磨削

作业原则是必须遵守以上最基本的作业程序。车床、铣床等的使用方式最好也以此为准。当然，被切削材料方面也必须同样注意。

其次是被切削材料的安装位置。大件没有问题，因为不管在哪里放置，都能可靠跨越基面上的若干S、N极。这里举一个极端的例子。如照片②所示，在平面磨床上不可以用这样的方式安装，当然要像③④那样。这里如何操作另当别论，仅限于电磁吸盘的原理、结构。像②那样做时，被切削材料只与一极连接，所以要采用⑤和⑥那样的方式。就是说，放置方式要接通电磁吸盘基面上的

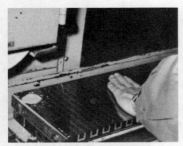

① 用擦干净的手证实平面

③ 这样放置吸力起作用

⑤ 采用这种放置方法

② 这样放置吸力不起作用

④ 如果这样放置效果更好

⑥ 被切削材料连接 N、S 极

N、S两极。这样，因磁力通过被切削材料在N、S两极间流动，吸力才会起作用。像图②那样吸力就不能起作用了。

再举一个特殊的例子。将卡盘面全部利用，像⑦那样被切削材料从一端放置到另一端。请看⑧，自右向左第二个被切削材料，磁铁磁力的通路变长，即磁阻增大，则吸力减弱。

平行配置磁极的吸盘无疑不能避免这种现象产生。为消除磁力通路的不匀，可以考虑各种磁极配置。⑨即是一例，是增强吸力、消除不匀的例子。⑩是铣床使用的特例。

如把磁极加粗，则磁力就会增强。虽说如此，可是被切削材料像②~⑥中的那样小，就增加了难度。因此如⑪那样虽是为了适用于小型工件而精细配置的磁极方式，但是也难于避免磁力回路会参差不齐。

⑫是基面倾斜的情况，向着放置制动器的一侧降低。

电磁吸盘的基面采用磁阻小的材料制作。JIS标准规定使用S15C及S34，无论哪种都是较软的材料，这一点与其他卡盘不同。正因为如此，被切削材料的安装，如不多加注意马上就容易出现毛病。变高的地方可用砂轮磨平，变低的地方因磁力不通会减弱吸力。

此外还有使用永久磁铁的吸盘。

⑦ 将被切削材料从端部放置时

⑨ 吸引力强、消除磁力不匀的磁极配置

⑪ 把磁极间距变小用于小型工件的配置

⑧ 磁极结构对第二个被切削材料的吸引力弱

⑩ 也有这种磁极配置方式

⑫ 基面倾斜

磁力表架

磁力表架是使用永久磁铁代替电磁吸盘的电磁铁进行装卸的台架。台架上安装有指示表、照明装置、透镜及其他配件。

将磁力表架台座上的旋钮放在"on"位置上磁铁就起作用，转90°放在"off"位置上磁铁的作用消失。

这个道理被意外地误解了，每每以为把磁极的方向转90°就会使台座下面不起作用，然而并非如此。

磁铁有N、S两极，磁力在两极间流动。这在学校的物理课中学到过。磁铁吸附在铁等磁性体上，磁力要通过磁性体流动，也就是要通过阻力小的地方。

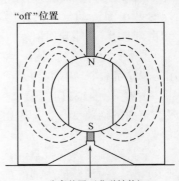

分离装置（非磁性体）

图1 "off"位置时磁力不外流

对于磁力表架，通过操作其旋钮，使磁性通路达到表面，或在表内部造成短路。把旋钮放在"on"位置时，台座下面两侧之间通过磁性体连接而使之构成磁力通路，因而磁力表架吸着在磁性体上。

台座的内部如图1所示。

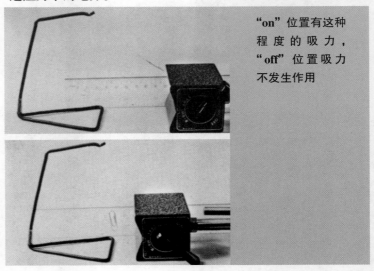

"on"位置有这种程度的吸力，"off"位置吸力不发生作用

▲把前面的旋钮置于"on"位置磁铁起作用

36

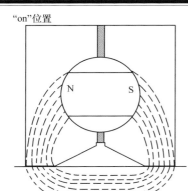

"on"位置

图2 因磁力集中在V形槽两端，所以磁力较强

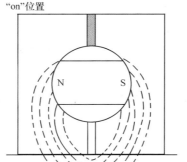

"on"位置

图3 如无V形槽磁力在中央集中，台座不稳定

把旋钮置于"off"位置，磁力像图中那样在内部流动，通过阻力最小（短）的通路，所以磁力不外流，台座不能起到磁铁的作用。

　　把旋钮置于"on"位置，

1mm厚的铁板，只用100g就可将其分离，磁力通路过窄吸力不起作用。5mm厚的铁板到6.8kg也不能将其拉开

如图2所示，台座由中央的分离装置（非磁性体分隔板）进行磁性分离。磁力从台座下的一方通过外部的磁性体向另一方流动。

　　那么为什么台座下面要

有V形槽呢？磁力大小对于磁铁来说是固定的。在一定的磁力流动情况下两极如果距离近，就会像图3那样磁力集中在磁极附近（中央部），因此台座不稳定。若不在台座的中心部而集中在两端，则台座两端成为磁极发生作用，从而稳定。

　　要使一定量的磁力流动，该磁性体的截面积必须在一定的数值以上。台座下面的面是其必需的面积。所以在窄的地方使用，台座的一部分超出范围时吸力会变弱。在照片中的实验中，轻的1mm铁板用很小的力即能将其分离。1mm厚铁板的截面积磁力不能全部通过。5mm厚的铁板截面积大，能使磁力较多地通过。

丝锥夹头

虽说是丝锥的夹头，但并不是只夹持丝锥。

用机床对不通孔加工内螺纹，就是说立置丝锥时，如果丝锥卡在孔底，机床主轴不空转的话就难办了。丝锥夹头是属于解决该问题的工具，也叫攻螺纹夹头或攻螺纹头。

丝锥卡在孔底时，要使主轴空转，历来车工都想方设法采用手工操作。在车床上丝锥是空转的，不管怎样，花费某种功力制作空转结构都是值得的。

本页图中所示的是用弹簧把钢球压在孔里，丝锥到达孔底时阻力加大，则该钢球往上顶弹簧。于是从钢球开始的上面部分会空转，旋转不会向下传导。

压缩弹簧的方法是紧固螺钉，强弱都行。如加大丝锥，则强压弹簧，必须形成大的阻力才会空转。

加工螺纹结束后丝锥如果空转使主轴反转，钢球因阻力消失进入孔中，主轴靠丝锥螺钉的自进作用返回。手动协助操作则可拔出丝锥。丝锥夹头的基本工作原理就是这样。

如把这种结构反转且能自动进行，会更便利。嵌入钢球的板下侧的齿轮是其反转结构。从横向不易见到，可从轴向看。

▲在中央的空转结构和逆转结构

正转时本结构整体旋转，这时行星齿轮结构不工作而随之一起旋转。丝锥达

▲要使之空转可调节弹簧的强度

▲钢球靠弹簧作用上下结合

▲钢球离开孔时空转

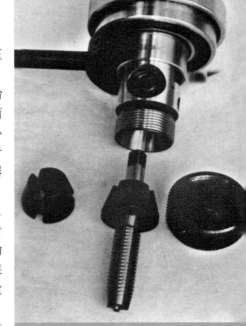

用筒夹抓住丝锥的光面部分，筒夹的大小要适合丝锥的规格

钉的自进作用保持着向下压的状态。

空转时，把主轴稍微抬上去。通过丝锥留在下面的部分及弹簧向下拉中心轴挂上离合器。照片中看起来明亮的三个齿是离合器的爪。

如此一来像照片那样，由于内齿轮、3 个行星齿轮、中心的称作太阳轮的"行星齿轮结构"，在主轴保持正转，太阳轮就会带动丝锥反转。

计算照片上各齿轮的齿数，得出反转时的齿数是正转的两倍，因此主轴的抬高必须用切齿两倍的速度。若把正反转比缩小，外观尺寸就增大。丝锥要通过适合各尺寸的筒夹将直柄部定心紧

到孔底，在前面空转结构工作的状态下，主轴因丝锥螺

固，紧固螺母之后把上端的四角部从两侧夹住使旋转力可靠传导。

▲正转状态

▲带离合器，中心轴=丝锥反转

工件夹具

它也用汉字"雇い"来表示，并无准确定义，也可说是广义上的コレットチャック（弹性夹头）。

其工作原理与弹性夹头相同。夹头的标准件没有太大尺寸的，制造起来也很困难。

本页上的工件夹具是为了紧固楔销而使用的螺纹型，大体是根据所需尺寸、形状自制的。而且把一次加工的部分作为基础在以后的加工过程中使用，因此尺寸、形状千差万别。

有从外周夹紧的"锁紧工件夹具"和从内部外扩的"开口工件夹具"。

无论哪种，要符合被夹紧（外扩）楔销的角度、长度、螺纹齿距的大小，还有螺旋开槽数、深度、壳体厚度，以及切槽的分割精度、材质……实际上有各种各样的条件在起作用，本页无法尽述。各工作场地都是根据长年积累的经验来判断的。

▲轻轻紧固薄板的工件夹具，螺纹的齿距小，为6等分切槽

▲直接安装在主轴孔的工件夹具，锥度较大，螺纹齿距较大

▲把内侧4切分的夹头从外侧夹紧3个切分部

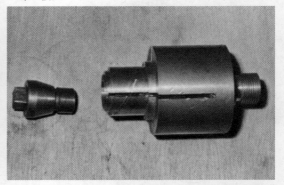

▲扩开工件夹具，从内侧稍压尖端部，打开复杂整体

顶　尖

顶尖在 JIS 标准中有机床用顶尖、超硬顶尖、旋转顶尖三种。机床用顶尖等不必特意说明是用于机床的，是历来所使用的工具钢制品。也有半缺顶尖，即把尖端部

分去掉一半，以便端面切削用的车刀进入顶尖孔。

通常顶尖的尖端呈 60°角，其相反侧采用莫氏锥度。根据莫氏锥度有各种大小，JIS 标准中规定了各部分的尺寸。实际工作中并不完全依照标准，也有特殊尺寸的。顶尖进入被切削材料的顶尖孔，由于要承受横向切削强力和纵向热膨胀力，因而顶尖部的耐磨性能必须要好。JIS 标准中规定平行部的硬度为 $H_RC55\sim63$，顶尖部最好看起来更硬。

不管硬度多大，尖端毫无疑问易被磨损。只把尖端部分进行超硬化处理的是镶硬质合金顶尖。各种顶尖都是锥柄根据尖端部的振摆而有 A 级、B 级之分。镶硬质合金顶尖的锥度号为顶尖的公称号，但工具钢顶尖无此规定。锥度不同顶尖大小也明显不同。

关于镶硬质合金顶尖，其超硬尖端有 V1~3 的 3 个种类，与公称号码、等级一道表示之。

顶尖因其尖端尖而硬，所以必须确保安全。又因其精度非常重要，故必须注意保持精度。特别是装在主轴侧的顶尖，通常要像照片中那样退出，注意不要猛力去撞，勿使顶尖掉落。必须用一只手轻轻触碰。

尖端部磨损到某种程度时，可以再研磨，趁着尚未严重磨损即时加以修正。

在使用时，粗加工和精加工应分别使用不同的顶尖以延长其寿命，要用提高加工精度的方法精细使用。

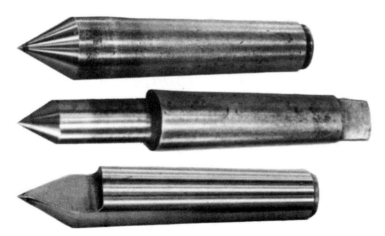

▲上：普通顶尖　中：特殊顶尖　下：半缺顶尖

回转顶尖

顶尖在固定状态下，耐受强力的同时长时间支撑旋转的被切削材料，因而不能避免磨损。所以索性考虑使之与被切削材料一道旋转，就无须担心磨损的问题了。

回转顶尖的结构，看分解的照片大抵可了解清楚。圆锥滚子轴承承担径向负载，轴向负载由附在其后的推力轴承承担。在顶尖后端，由自动定心轴承承受来自轴承的轻微摇动、振摆等"摇捶"运动。

这些结构不能在裸露的状态下使用，要整体用罩包裹住。为了不让切屑、尘粒进入，应在前侧的小间隙中嵌入毡条。

结构已如上述，但还有一些问题。首先是保养。内部填有润滑油，大体是密闭的。不过既然要旋转则势必存在缝隙，长时间难免有切屑等进入。所以要时常拆开加以清洁，并重填润滑油。另外还有注油孔，需适当注油。

关于尖端的保护，与顶尖相同。尽管与被切削材料一同旋转，还是有磨损的，所以也有把尖端部进行超硬处理的情形。

回转顶尖除 JIS 标准中的标准形之外，也有代替圆锥滚子轴承在前后两侧用滚针轴承支撑而缩小直径的，是用于小型工件和高精度加工的回转顶尖。

此外还有伞形的回转顶尖，是安在被切削材料的大孔上使用。

回转顶尖的损伤大部分发生在轴承上。如果负载过大或润滑油中断，就会使轴

▲回转顶尖的零件，右下是前侧的盖子，白色部分是毛毡

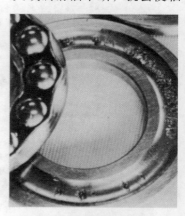

▲断油使得滚珠座圈剥离

小型工件用精密回转顶尖

▲使用滚针轴承（针状滚子轴承）

伞形回转顶尖

▲用于外圆磨床的使用举例

承的滚珠座圈磨损、剥离，从而影响寿命。

回转顶尖完全是特殊的工具。车床两顶尖作业有的使用端面带爪的顶尖代替活顶尖（主轴侧的顶尖）。其中心有顶尖，周围带着伸入被切削材料的爪。一压尾座的顶尖，中心顶尖就缩回，爪深入被切削材料的端面。

这样，被切削材料与主轴、顶尖一道旋转。在两顶尖支撑的场合，将不再需要鸡心夹头，可在最顶端进行加工并能够在主轴不停止旋转的情况下装卸被切削材料。

端面带爪的顶尖

▲一压顶尖套，就推入主轴侧的顶尖，爪深入端面

▲可在不停止旋转的情况下装卸被切削材料

▲从左向右是规格为 4×5、1×5、2×3 的变径套

▲这是原来的 reduction 变径套

变径套和加长变径套通常是不同的，请观察照片并记住它们的结构。在 JIS 标准中变径套为 reduction sleeve，所说 reduction 是"变形结合"之类的意思。

sleeve 是某种"插管"。本来是套筒，因出现所连接的机床锥柄孔或自身的孔而被标准化为标准件。加长变径套为 extention socket。extention 表示"延长"，socket

是"插口"的意思。加长变径套实际上为套筒形，目的是起到延长的作用，看照片即可明白。标准中规定的是用于变径套、加长变径套的莫氏锥柄。

打进、拔出镶条的孔与莫氏锥柄的套筒相吻合。在车床主轴用的莫氏锥度号码大的场合，非标准的变径套也有贯通变径套孔的。

变径套、加长变径套共

同的重要事项，是外圆锥与内圆锥的同心度，前者为 0.03，后者为 0.04 以下。

还有一个重要问题是硬度。JIS 定为 H_RC35 以上，这比机床主轴的硬度要低。当插入主轴孔时，黏附、进入切屑时，不要损伤难修理的主轴孔。深入变径套、加长变径套这些地方会带伤痕。不过即使它们损坏了也容易修理，成为

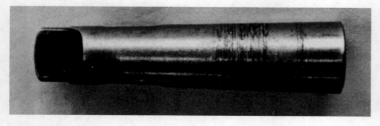

▲不得有此种损伤，同心度也会变差

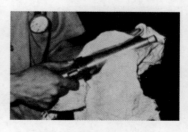

▲把外侧擦干净

加长变径套

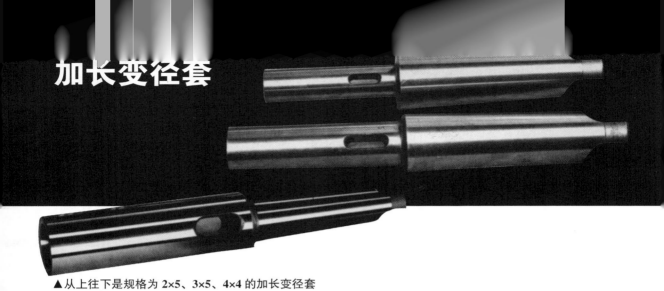

▲从上往下是规格为 2×5、3×5、4×4 的加长变径套

废品也无妨，其造价极为低廉。

另外，外侧有损坏自不必说，内侧有问题时同样要立即修理好。首要问题当然是不允许发生损坏，这是使用当中必须注意的。

损伤，是随同切削、拉拔一道出现的，其外围必然会鼓起来。即使很轻微，锥体的接触状态也会变差，使得支持力下降。支持力一下降就容易空转而产生新的伤痕。一旦出现创伤，就是修理了也不能避免前面所说的同心度下降。

莫氏锥套上的孔是用来打进、抽出镶条的，完全不是用以制止空转的。变径套、加长变径套的保持力，归根到底是因为锥体面彼此之间的相互作用。所以打入镶条时，套和套孔的朝向应相一致。

变径套、加长变径套的规格在 JIS 标准中为 4×5、2×3。

变径套的内锥度常常比外锥度小。加长变径套有内外锥度为同一号码的。

▲将镶条打入拔出套孔

▲规格是孔侧×外侧锥度号码

▲布朗·夏普锥度的立铣刀　　　　　　　　　　　▲莫氏锥度的钻头

テーパtaper（锥度）是指端部逐渐变细，从飞机的楔形机翼就可以看出。与机械有关的锥度，当内外螺纹联接时，靠产生斜楔效果的摩擦力来结合。锥形键、锥销等是其代表。

工具上的锥度，作为刀具夹具使用时不能像键和销那样没有嵌齿，如果不易装卸是很不方便的。因此要将键（1/100）和销（1/50）加大。但若过大会使得斜楔效果变小，这样虽容易进行装卸，然而支持力却会变弱。锥度与弹性夹头夹紧面的角度相同，通常不加力就能保持。拆卸时最好加些其他角度的力。

锥度用于柄上即为锥柄。其锥度有若干种，最多的是莫氏锥度。机床的主轴孔、工具的柄大都采用莫氏锥度。日本国内在钻夹头上使用雅各布锥度，铣床部分也有使用布朗·夏普（B&S）锥度的。

另外，也还有米制锥度、夏诺锥度。

标在铣床主轴孔上的仅是号码，一般称为国家标准锥度。

使用最多的莫氏锥度，是英国人莫尔斯研究并普遍推广的。规定 0~7 号 8 种，锥度约 1/20。所谓"约"，是指其锥度大约为 1/20，只是略有不同。这是在使用过程中，将好的方法加以推广而后成了既成事实。在当时还不能正确测定，而是对照实物制作样板，结果到现在也

还在对照样板进行测定。

锥度进一步的发展是德国产生了基于 1/20 的完备的米制锥度。这一观念虽合理，

几种

但由于不便与既成事实相违，因而在日本没有使用，而是引进了 ISO（国际标准）。

布朗·夏普锥度最初是开

ISO（国际标准）			
米制系列	锥度号	英制系列	锥度号
米制锥度	4	布朗·夏普锥度	1
米制锥度	6	布朗·夏普锥度	2
莫氏锥度	0	布朗·夏普锥度	3
莫氏锥度	1	莫氏锥度	1
莫氏锥度	2	莫氏锥度	2
莫氏锥度	3	莫氏锥度	3
莫氏锥度	4	莫氏锥度	4
莫氏锥度	5	莫氏锥度	5
莫氏锥度	6	莫氏锥度	6
米制锥度	80		
米制锥度	100		
米制锥度	120		
米制锥度	160		
米制锥度	200		

▲国家标准锥度的简夹

发铣床的美国布朗·夏普公司的铣床主轴孔的锥度，它和莫氏锥度起源相同，其锥度各式各样。以前进口的和日

锥度

本生产的铣床都用这种锥度，所以与分度头一起仍在一些老式机床中使用。JIS标准中没有。

1~3号进入了ISO标准。

雅各布锥度也因同样的理由而有各种各样的锥度。

贾诺锥度是美国的，与米制锥度的观点相同，在日本国内没有普及。其有关尺寸是：

$$小直径=\frac{锥度号}{10}$$

$$大直径=\frac{锥度号}{8}$$

$$长度=\frac{锥度号}{2}$$

铣床主轴孔用的锥度是

美国大型铣床制造商新西拿公司所采用的。它与布朗·夏普锥度竞争，采用英制单位7/24。它不使用支持力，而是从主轴后端拉紧支撑。锥度是要确保同心度的。与其他的锥度不同，这种锥度大得多，目的在于可以极为轻松地拆卸。它是美国国家标准规格，相当于日本的JIS标准。现在日本的铣床大都是这种的，使用30、40、50的号码。

即使举出这类详细数字，也仅仅是在现场用作对照锥度规，不太有意义，故而省略。附表是以从上到下、从小到大的顺序排列的。

莫氏锥度（JIS）	
锥度号	锥度比
0	$\frac{1}{19.212}=0.05205$
1	$\frac{1}{20.047}=0.04988$
2	$\frac{1}{20.020}=0.04995$
3	$\frac{1}{19.922}=0.05020$
4	$\frac{1}{19.254}=0.05194$
5	$\frac{1}{19.002}=0.05263$
6	$\frac{1}{19.180}=0.05214$
7	$\frac{1}{19.231}=0.05200$

布朗·夏普锥度	
锥度号	锥度比
1~3	0.4183
4	0.041866
5	0.04180
6	0.04194
7	0.04178
8	0.04175
9	0.04173
10	0.04301
11	0.04175
12	0.04164
13	0.04168
14~	0.04166

雅各布锥度	
锥度号	锥度比
0	0.04929
1	0.07709
2.2 短	0.08155
33	0.06350
6	0.05191
3	0.05325
4	0.05240
5	0.05183

异形操作

❀ 意义含混的操作工具

异形工具被归在"操作工具"的范围内，实际上是很含混的。两张照片是车工和铣工工作台上面的工具。机械工人认为它们是操作工具。

对于车床的卡盘来说，车工认为它是"车床的一部分"，在车床制造厂它属于"附属品"，而在卡盘制造厂它仍算是"工具"吧！关于虎钳的归属，在钳工、铣工和铣床制造厂以及虎钳制造厂也遇到各种不同的见解。

操作工具厂商的团体称为全国作业工具工业联盟。虎钳制造厂加入了该联盟，卡盘制造厂却没有加入。此外还有称为日本工作用机器工业会的厂商团体，卡盘厂和机床虎钳厂都加入了这个团体。制造厂商的团体是由政府机关的安排或制造商的利益关系结成的，厂家有属于一方面或

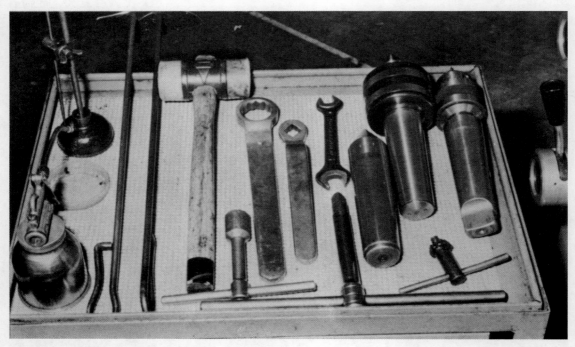

▲这些是车工工作台上的"操作工具"

工具

跨两方面的，也有哪方面都不属的，并无标准。

按道理说，操作工具还包括切削工具、量具，主要是机械厂使用的工具，也有某些进入了家庭及各个方面。有些工具的出现虽然不是单为机械厂使用，但对机械厂来说也很有用处。与汽车有关的专用工具、与配管有关的专用工具也都并非与机械厂无关。总之，操作工具的范畴是含混不清的。

❀ 规格尺寸也含混不清

意义含混的"操作工具"，大家称其为操作工具并未感到疑惑。归类为扳手类、钳子类、螺钉旋具类等的工具都是现场工匠根据经验制作出来的。特别是伴随机械技术、机械工业发达时期自然涌现多种工具，造成品种、名称繁杂而且含混不清的局面。有许多含混不清的工具是和进口机械一道作为机械用工具被引进的，或引进后由技师、工匠加以发展使用，并在日本国内生产。因此在日本，工具的名称往往是含混不清地被接受，甚至有把称呼弄错的情况。JIS 标准中的用语多半也是模仿外语定的。

▲铣工工作台上的"操作工具"

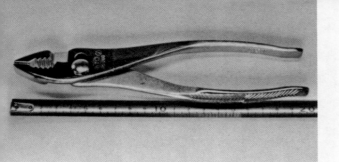

▲公称尺寸为 200 的夹扭钳，最小长度可以是 200

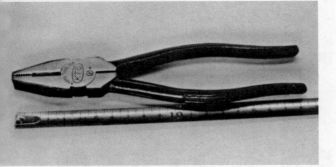

▲公称尺寸为 175 的钢丝钳，长度是 185±4

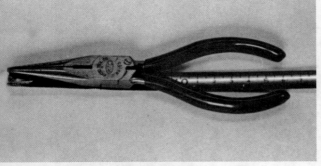

▲公称尺寸为 150 的扁嘴钳，全长是 160±5

  操作工具类的发展进程如此复杂，国内的生产五花八门，似乎成了杂乱的代表。或者正是有鉴于此，其标准化工作开展得很快，一系列 JIS 标准很早就完成了。但该标准化只是有力地反映了厂商方面的立场，几乎没有反映使用者特别是现场实际使用者的意见。

从使用者的角度来看，参与策划标准化的人并不了解现状，也对此不重视。

  这种情况最明显的表现是尺寸。如公称尺寸为 200 的钳子，其全长最小为 200，但即使是全长为 250 的在 JIS 标准中其公称尺寸也是 200。

  钢丝钳的公称尺寸为 175，长度是 185±4；扁嘴钳的公称尺寸为 150，全长是 160±5；剪切钳的公称尺寸为 125，长度是 130±4。

  这些数字是从英寸米化而来的，以 1in=25.4≈25，并将英寸加倍后的数值作为公称尺寸。那么，公称尺寸和实际尺寸的分歧是什么？

❀ 也有不存在实物的规格

  在明治时代，操作工具随同机器一同进入日本。当时先进国家也没有完备的标准，操作工具由各种各样的工厂任意制造，当然都是英制的。那时东洋和西洋都采取这样的经营方略：对于 7 英寸的扁嘴钳，为了节约材料降低成本而将其稍微缩短。之后发展起来的厂商则采取不同的策略把它稍稍加长，从而宣传说"7 英寸是这么老大呀！"日本是把进口品原样国产化，也出现了相同的现象。

  在那种状况下制定 JIS 标准，如果严格规定其尺寸，能符合 JIS 标准的合格制造厂将很少。因此 JIS 标准结合现状，出现了公称尺寸和实际尺寸相差大，以及公差大的问题。这类工具的全长尺寸等并不是什么重要因素，也就无须探讨了。

  如开头所述，与操作工具有关联的 JIS

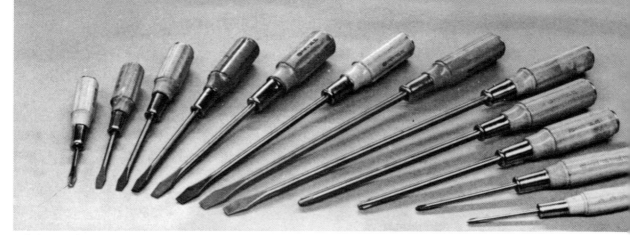

▲螺钉旋具尖端宽、号码、长度三者之间没有关联，锻造出来的工具在哪里都认可，确定尺寸的方式也不同。

标准很早就形成了。尽管有 JIS 标准，总还有若干不符合 JIS 标准的制品。制定 JIS 标准时，通常集学者、制造商、用户等各方代表。在这种场合，用户代表虽很能提意见，但工具毕竟是现场工匠发明的，要是用户代表很多是不了解现场的"豪杰"，就提不出切合实际的意见。因此与操作工具有关的 JIS 标准几乎都是考虑制造商的利益制定的。虽然制定了 JIS 标准，但制造商害怕成为 JIS 指定工厂从而带来管理麻烦。他们参与了标准的策划制定同时却又不想成为 JIS 指定工厂，因此有很多 JIS 标准有名无实。

❀ 标准非常不合理

在许多有名无实的标准存在的现状之外，还有一个问题就是 JIS 标准本身很不合理。

例如，相同的螺钉旋具，一字槽和十字槽的尺寸（长度）存在差异。小螺钉的头不管是一字螺旋开槽还是正十字槽，相同规格的小螺钉所要求的紧固力应该相同。用螺钉旋具紧固小螺钉时，螺钉旋具的长度与之没有直接关系。

请看照片，M5 用的一字槽螺钉旋具是从左边开始向右的第 6 号，十字槽螺钉旋具是从右边开始向左的第 2 号；M3 用的一字槽螺钉旋具是从左边开始向右的第 2 号，十字槽螺钉旋具是从右边开始向左的第 2 号。但相同 M5 用的一字槽螺钉旋具，根据 M5 的小螺钉头的形状，是从左开始向右的6~8 号。

最后，十字槽螺钉旋具尖端宽和长度的关系，一字槽螺钉旋具公称号和长度的关系，任何一方都无任何必然性、合理性。作为商品，看来仅仅是采取了匀称的尺寸。根据商品的外观，自然形成的尺寸成了 JIS 标准。

仅拿小螺钉的规格来看，也有一部分与其适合的螺钉旋具没有规格。六角头螺栓和扳手的关系也如此。套筒扳手、扭矩扳手角传动与管套的四方孔之间也是如此。

在其他领域，JIS 标准具有绝对的重要

▲汽车用（上）的电镀，面向机械厂的涂黑

性。有的 JIS 标准是最低限，实际存在更严格管理的部分。不过，与这类操作工具有关的 JIS 标准其最低限的规格非常松，而且大多不生产、供应了。

❈ 色彩和形状也仿效

至此关于操作工具和规格已经絮谈了许多。经过漫长岁月，通称和形状不但在工厂普及而且渗透到一般家庭，今后也不会发生重大变化吧。

尽管如此，但还有相当不可思议的现象存在，例如扳手。原本机械厂里圆形扳手多，但因最近制造厂多生产长枪形的，长枪形扳手也常见了。

制造商以机械厂为主要用户，这和以与汽车相关的企业为主，进而以一般家庭作为主要用户不同。其差异来自流通阶段，将以面向机械厂为主的扳手涂成黑色，而将与汽车有关、面向一般家庭的扳手镀镍、镀铬，重视商品的外观。

扳手之类的工具，其作用虽然重要，但并没有为了防锈而加以电镀的必要，那样做毋宁说是一种浪费。因为在工厂里扳手通常会沾满油，很少会生锈。

至于与汽车有关的场合，虽同样会沾油，却因汽车注重外观装潢，连操作工具也镀铬，套筒扳手类全镀了铬而闪闪发光。

钢丝钳、扁嘴钳这样的工具，一般情况是钢丝钳涂黑，扁嘴钳电镀发亮。其原因并无明确说法，似乎是根据进口产品在日本照样画葫芦。而将管扳手、螺栓钳子涂成红色，内六角扳手是黑色，其由来也与之相同。

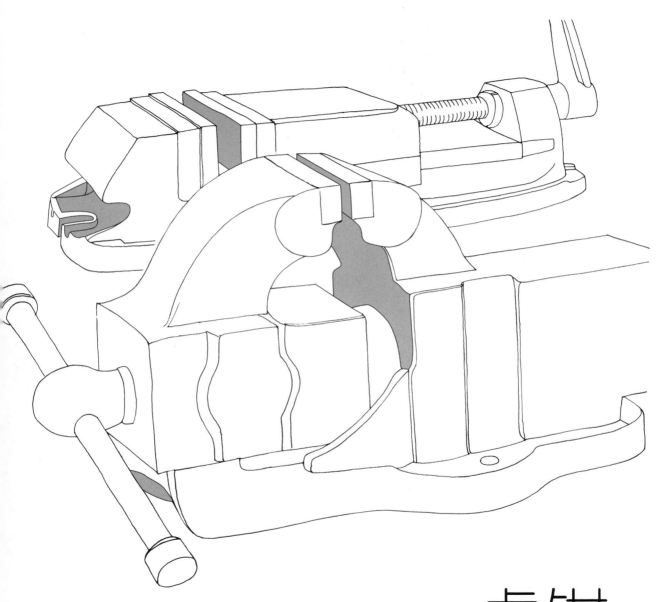

虎钳

台虎钳 （方筒形）

台虎钳是最常用、随处可见的工具。

台虎钳通常固定（用螺栓紧固）在钳床上使用。它是广义的机械厂、铁工厂等必备的工具，用于夹紧固定工件。JIS 标准将其固定部分称为主体，将移动部分称为可动体。

台虎钳的大小取钳口宽（长度）的尺寸单位作为公称尺寸，有 75、100、125、150 等 4 个种类。它们全是由英制而来，与虎钳侧面公称尺寸一道也有用英寸数值表示的，旧工具还有的只用英寸表示。

结构如本页照片所示。主体内部有

内螺纹螺母——安装中存在间隙——紧固的外螺纹螺杆通过可动体（移动钳口侧）进入螺母。

▼从下面看方筒形台虎钳，螺母被夹在主体和螺杆之间

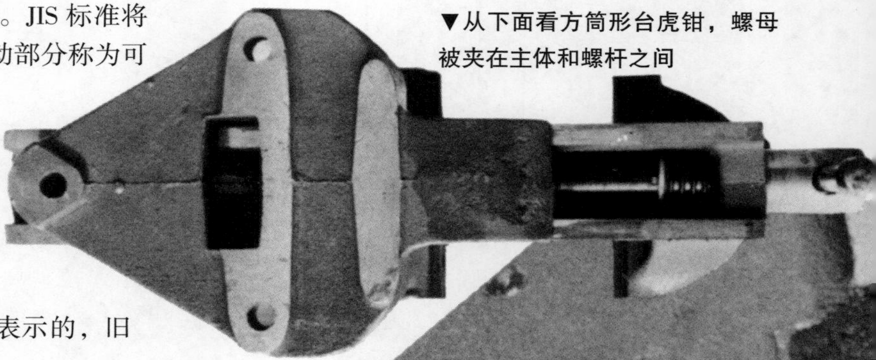

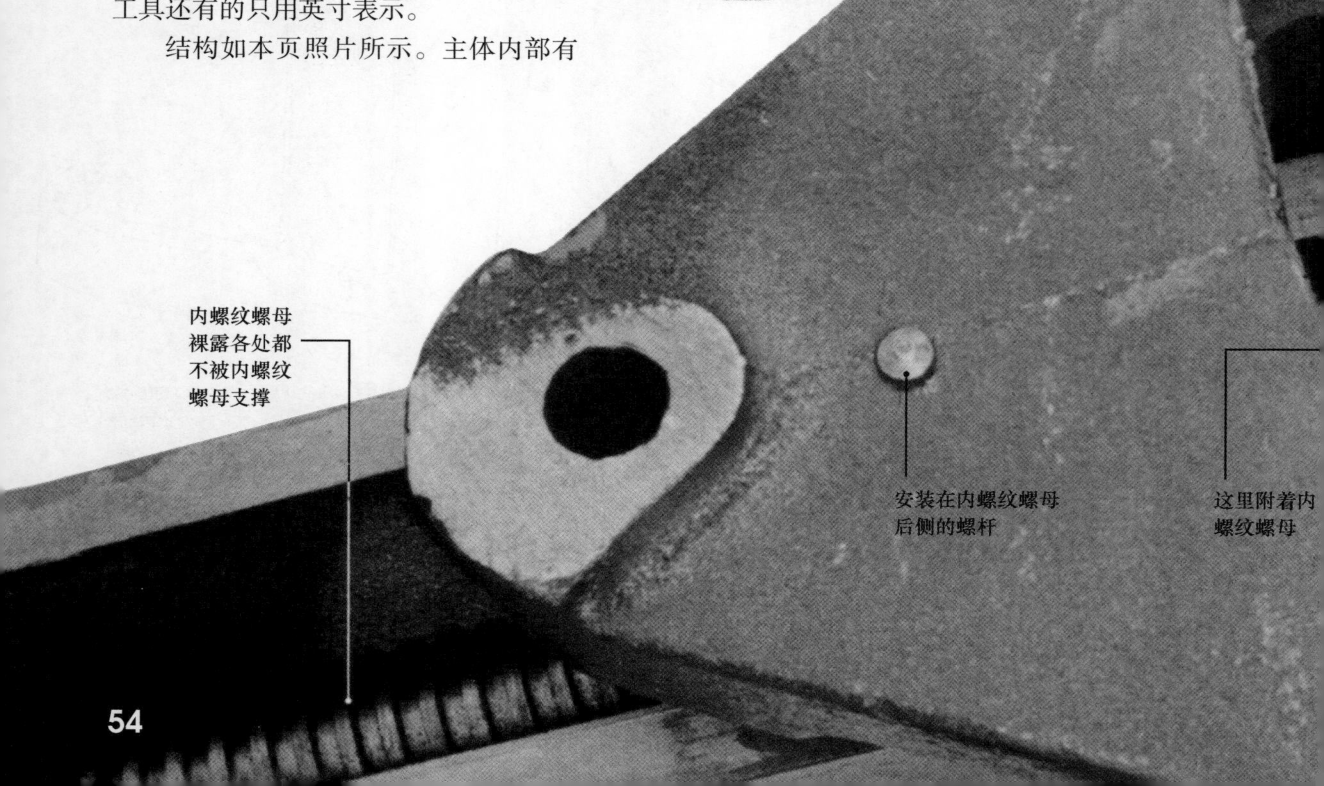

内螺纹螺母裸露各处都不被内螺纹螺母支撑

安装在内螺纹螺母后侧的螺杆

这里附着内螺纹螺母

摇手柄打开钳口，可动体脱落。为避免危险，有的台虎钳带锁。

台虎钳的钳口如不能平行移动或夹紧时不平行，就不能衔住工件。保证可动体平行移动的是照片上标有▽的地方，此处如果磨损就不能保证钳口的平行。不过，即使存在一定的空隙，如果被加工工件有平行面，因与其并列，则可不必太关心这个问题。

JIS 标准规定了在钳口端侧夹紧直径为50mm 的圆棒时的钳口在前后方向、上下方向的弯曲限度。

台虎钳螺杆制造得非常牢固，所以即使一定的误操作也不会出现故障。但外螺纹螺杆与钳口以外的材料是 FC（铸铁），如果严重操作不当会导致破裂。另外，过度紧固会使内螺纹部分多受磨损。

螺纹部分虽然不作高速旋转，但空隙大，仍然难免受到磨损。为了减少受到磨损或便于操作，要定期给螺纹部分加油。

将钳口如照片所示那样取下，也可根据工件换用软的垫片，最普通的是采用弯曲的

铜板或铅板。

主体钳口后侧的平面可作为小砧座来使用。

在 JIS 标准中虽没有规定但也可使用可锻铸铁而使之不易破裂。

▲ 使台虎钳的钳口脱离

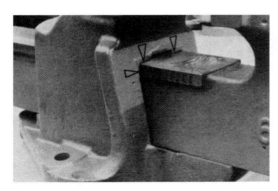

▲ 平行移动由标有▽的地方保证

▲ 请时常从这里给螺纹加油

台虎钳 （圆筒形）

如照片所示，可动体（移动钳口侧）为圆筒形，但它与 54 页的相比不仅仅是方筒和圆筒的区别。从 54 页的照片可以了解，方筒形的外螺纹螺杆、内螺纹螺母都在主体结构中，却有一部分没有完全被方筒包上，所以会有尘土或切屑附着、进入，这将严重损伤螺纹。

与此相比，圆筒形不会使外螺纹螺杆和

▲ 将可动体拆下。本侧可动体的外螺纹螺杆进入圆筒，尖端可见；右侧主体内部中心内螺纹螺母由后端部螺旋固定

▼ 内螺纹螺母被固定在主体端部中心

▲ 内螺纹螺母

内螺纹螺母外露。

首先来看分解照片，内螺纹部分比方筒形的长得多，而且使之牢固地固定在主体的后端，又无开口部。由于外螺纹螺杆插入内螺纹螺母中，所以螺纹没有露出部分。外螺纹螺杆也进入圆筒中，与方筒形有区别。

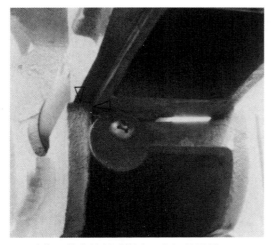

由此，首先紧固外螺纹螺杆和内螺纹螺母，使其精度良好，保证精度要求。而且螺杆也能正确地保持在圆筒的中心，保证可动体（移动钳口侧）与主体钳口平行移动。也因圆筒较大的环形面而使得其远比方筒形稳定。

螺母部分出厂时装入润滑油，可保持相当长时间。但紧固可动体、外螺纹螺杆旋转部分，要一天加一次油。

圆筒形的公称号与方筒形完全相同，从3英寸即75开始，以25为间隔，有75、100、125、150这4个种类。另外，关于钳口平行度的规定也和方筒形一样。

▲可动体不拔出的制动器由▽印记处引导

▲给紧固螺纹一天加一次油

▲手柄头部内侧装有隔音橡胶轮

机用虎钳（M 型）

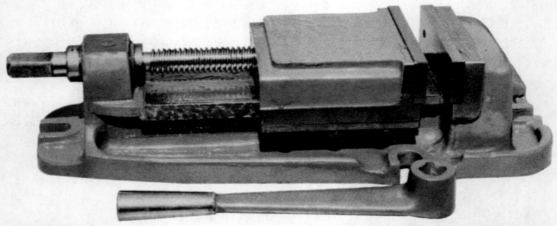

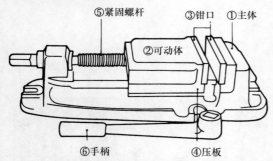

▼ M 型各部分的名称

⑤紧固螺杆　③钳口　①主体
②可动体
⑥手柄　④压板

一般称为机用虎钳（machine vice）的是机床用的虎钳，JIS 标准中有 M 型和 S 型两个种类。M 型用于铣床（铣削用），S 型用于牛头刨床。

M 型有带旋转台和不带的，根据精度不同有 1 级和 2 级两个等级。

机用虎钳是衔着工件进行加工，不能像在台虎钳上手工加工那样靠人的感觉手动进给。垂直度、平行度全受虎钳的精度所左右。

所以 JIS 标准严格规定着精度和测定方法。这些精度、测定方法如在使用时没有掌握，就不能很好地完成加工任务。

在这些精度中特别重要的有下述三种：

① 主体底面和可动体滑移面的平行度，精度为 0.2/100。

② 钳口两衔面间的平行度，精度为 0.2/100。

③ 钳口和可动体滑移面的垂直度，精度为 0.05/100。

▲带旋转台的 M 型机用虎钳

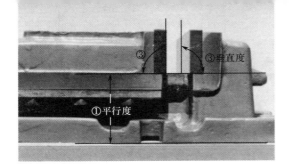

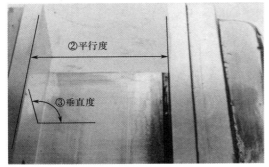

▲▼ 这 3 个精度重要

▲作业前检查虎钳安装状态

就什么都不能保证了。紧固时可动体面的钳口向上错移，会使钳口衔面或压板受到磨损、变形。所以把紧固力的精度称为"紧固精度"，可用量块确定①和②的平行度。该测定和"静的精度"一样通过量块面进行。

此精度数值是 M 型 1 级的，有关 2 级和 S 型的精度与此情况相同。

机用虎钳因为实际上是安装在机床工作台上使用的，所以：

①的测定能通过作业前安装时检查完成。

②的钳口两端两侧衔面的平行度，只要有度盘式指示器和台座，无论何时何处都可检测。必须经常核实。

③的钳口和可动体滑移面的垂直度只要有直角尺也是随时随地都可检测。在作业前使铣床的升降台上下移动即可检测。

若是机床精度太低，即使提高虎钳整体的精度，那也没有意义。不过了解了虎钳的精度，容易找出影响整体精度的因素。

这些精度是不加任何负载的精度，是"静的精度"。实际上把被加工件夹在虎钳上，通过紧固螺杆加力时，如果不能维持该精度

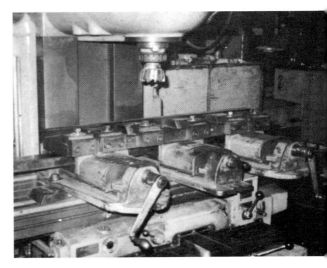

▲也有这种使用方法

机用虎钳（S 型）

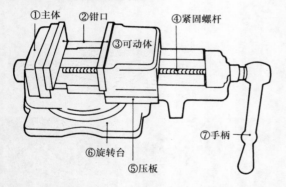

M 型通常没有旋转台，S 型则带旋转台。M 型的钳口张开度约为钳口宽度的 0.5~0.8，S 型的钳口张开度比钳口宽度大。因此 S 型钳口大开时，被加工件会超出旋转台的范围。所以在主体的下侧装有防止弯曲的支脚。

对于紧固力和紧固力矩的比例，M 型和 S 型完全相反。试比较公称尺寸，均为 200mm 的 M 型和 S 型，M 型用 1400kgf·cm$^{\ominus}$ 的力矩有 3000kgf 的紧固力，反之 S 型以 1000kgf·cm 的力矩只有 600kgf 的紧固力。使用 M 型的铣床必须经得住用端铣刀力度相当大的切削；使用 S 型的牛头刨床因为用一把刨刀切削速度慢，所以无须加强紧固力。从照片可以看出各部分的厚度变薄了。

▼ S 型机用虎钳各部的名称

①主体　②钳口　③可动体　④紧固螺杆　⑤压板　⑥旋转台　⑦手柄

本页照片是 S 型机用虎钳，其零件名称与 M 型相同。S 型的精度比 M 型低，测定方法一样。

机用虎钳的公称尺寸由钳口宽度表示，和台虎钳等其他虎钳一样。M 型在 100~250 之间，以 25（1 英寸）为单位有 7 种；S 型在 200~400 之间以 50（2 英寸）为单位有 5 种。整体来讲，S 型的体积较大。

▲ S 型钳口张开度比其宽度大

$\ominus$　kgf·cm 为非法定计量单位，1kgf·cm≈0.098N·m，文中仍保留原日文版的单位。

超级机用虎钳

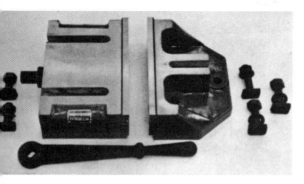

▲ 超级机用虎钳被拆卸

　　铣床上不能使用机用虎钳夹持的工件必须直接安装在工作台上。也可以使用专门夹持大工件的虎钳，制造厂称之为"超级机用虎钳"。

　　如照片所示，固定钳口和活动钳口是分离的，所以不适合机用虎钳"主体"、"可动体"那样的叫法。其固定钳口与主体分离并固定在工作台上。相对于固定钳口，使被加工工件固定在活动钳口一端。其后的夹持方法与其他虎钳一样，只是该活动钳口的移动距离少，因其是配合安装，所以较短的移动距离已足够。

　　活动钳口侧T形螺栓、螺母安装在活动钳口下面因而看不见。把紧固螺杆反向连续紧固下去，则活动钳口脱卸。

　　如果所夹持的是不规则工件，也可能在一侧或两侧钳口斜着将其安装。当然，此时不要把工件挤推出来，打开侧必须要带着挡块。

▲便于衔这样大的工件

▲活动钳口拆卸安装

▲活动钳口的内侧

▲倾斜安装

其他机用虎钳

①一般称为平底机用虎钳，主要用在钻床上来固定被加工件。当被加工件较小，用手很难操作并有危险时可使用这种虎钳，用手控制虎钳进行钻孔。

②被称为"美式虎钳"。平底机用虎钳在主体上有用于安装螺栓的部分（像鳍那样，在侧面）；与此相反，美式虎钳侧面什么也没有，与底面成直角。其尺寸和平底机用虎钳最小的一样（钳口张开的宽度）或在其以下，通常是75mm。因其底面和侧面成直角，所以也可用于把被加工件原封不动地转90°，在垂直方向上钻孔。

平底机用虎钳紧固螺杆的手柄如照片那样，而美式虎钳的手柄与加工用平口虎钳相同。至于怎么有了这个名称却并不清楚。

还有③这种被厂家称为"角虎钳"的，如照片所示，能在水平方向、上下方向自由变换角度。它可用于钻床作业，精度要求不高，强度也不大，工件也较小；也有用于铣床作业的，可加工体

积较大的工件，其加工精度、强度等都较优越。

还有一种虎钳与美式虎钳、角虎钳等功能相同，运用于精密加工，主要在平面磨床上使用。

平面研磨只能加工与电磁吸盘的面平行的加工面。部分例外情况也进行侧面加工，其加工能力可满足要求。对下面如能加工直角的面就非常便利了。

有特殊要求加工所采用的虎钳如④所示。虎钳夹持平行面，对已经加工的平行

1 平底机用虎钳

▲手柄奇特

▲平底机用虎钳的应用举例

2 美式虎钳

▲采用这个位置或将其竖直放置，即把侧面朝下，根据被切削材料的形状选用适宜的放置方法

▲把用于安装的金属部分嵌在侧面的槽里，安装在机床的工作台上

面进行直角面的加工。不仅如此，把虎钳原样横着放倒还可研磨另一个直角面。使用这种虎钳可以对 6 个面全部进行研磨。这是因为虎钳主体厚度不变形，同时其底面和侧面之间也能正确进行直角加工。因其尺度充分，

所以能够完成。

因是用于研磨的虎钳，所以也用大齿把手夹紧，厂商称其为"精密虎钳"。

虎钳和正弦规结合，厂家称之为"正弦虎钳"。如⑤把相当于三角形斜边的地方做成虎钳，像正弦规那样用量

块确定角度。把正弦规一方的滚子做成使虎钳倾斜时的回转轴。虎钳部分当然必须要精密。

另外，与倾斜式电磁吸盘组合，也便于对 x、y 两方向持有角度的面进行加工。

3	角虎钳

▲能在上下、水平方向作角度变换

▲只能上下角度变换

4	精密虎钳

▲主要在平面磨床上使用

▲如研磨上面……

▲翻转 90°对侧面进行研磨

▲研磨相互平行的工件举例

5	正弦虎钳

▲虎钳部分精密

▲用量块制作角度

▲这样产生两个方向的角度

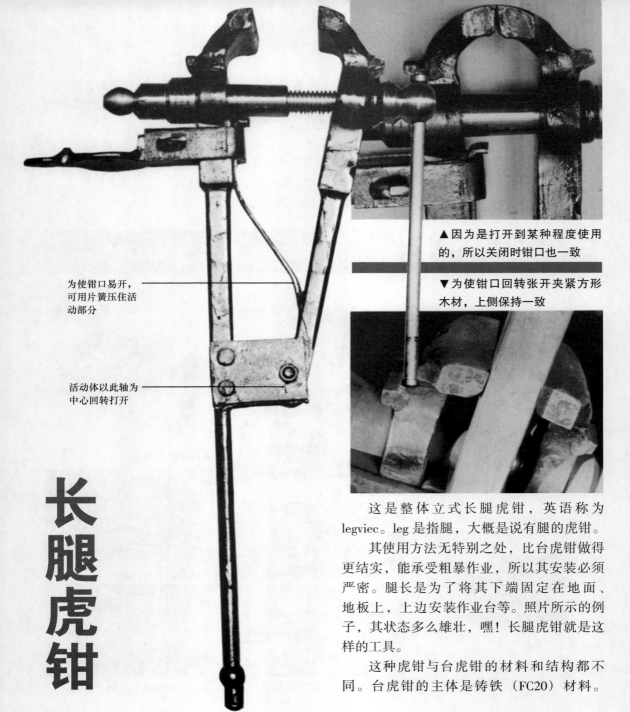

为使钳口易开，
可用片簧压住活
动部分

活动体以此轴为
中心回转打开

▲因为是打开到某种程度使用
的，所以关闭时钳口也一致

▼为使钳口回转张开夹紧方形
木材，上侧保持一致

长腿虎钳

这是整体立式长腿虎钳，英语称为legviec。leg是指腿，大概是说有腿的虎钳。

其使用方法无特别之处，比台虎钳做得更结实，能承受粗暴作业，所以其安装必须严密。腿长是为了将其下端固定在地面、地板上，上边安装作业台等。照片所示的例子，其状态多么雄壮，嘿！长腿虎钳就是这样的工具。

这种虎钳与台虎钳的材料和结构都不同。台虎钳的主体是铸铁（FC20）材料。

长腿虎钳采用的材料是碳钢 S45C，即使用大锤敲打也不开裂，而且做得坚实，锻造成形。

相对于同样公称尺寸的台虎钳，其紧固螺栓加粗。例如，公称尺寸为 150mm 时，台虎钳是 TM 28（30°台形螺钉的尺寸为 28mm），长腿虎钳则是 TM 40。

此虎钳是活动结构（可动体），以下面的轴为中心回转打开。为了便于打开，用弹簧推压打开侧。

磨损主要产生在紧固螺栓。所以内螺纹、外螺纹应能够一起更换。

像台虎钳那样，进行直线运动时钳口不打开，以下方的轴为中心进行旋转运动，钳口当然在圆弧线上移动，因而钳口的紧固面不构成平行。如照片所示，即使是夹持方形木材，支持部分也仅是钳口铁的最下侧。严格地说，这种夹持状态是不稳定的，要用粗的紧固螺栓、长而粗的手柄将其强力紧固。

钳口铁下面有大孔，粗的紧固螺栓通过这里。此孔是锻造而成的螺钉孔，即使有些弯曲也不成问题，可用力夹紧。

这种工具可在锻造等作业中使用，暴露在雨中操作也不罕见。

它的公称尺寸和其他虎钳一样，在 75~200mm 之间，有 6 个种类。

▲用大钉打进深处为止（上），腿的下端埋在地里（下）

65

桌虎钳这个名字是 JIS 标准中的名称，通常叫台式虎钳，它是结构很奇特的工具。

可以认为这种工具与其是为安装小件用的，不如说是为了家庭使用。其性能、精度都不成问题。JIS 标准在尺寸、材料之外几乎没有规定。

因此在市场上出售的产品中，有的导向杆从端头（活动钳口）脱离，也有的本体中存在螺钉摇晃的现象。导向杆和主体的孔的配合如不紧密，紧固时钳口会走样。紧固螺栓是三角螺钉，其尖端有槽，钳口止动螺钉的头嵌入其中，这样在依靠紧固螺栓回转进行移动的同时，钳口进行开、闭动作。

▲此桌虎钳可动体下方内侧带有钳口

公称尺寸是钳口的宽度，这里仍保留英寸的表示方法，从 38（1.5in）到 75（3in），以 0.5in 为单位共有 4 种。

▲钳口紧密贴合

▲止动螺栓的头嵌入紧固螺栓的槽

桌虎钳

如照片所示，这像是把长腿虎钳大大缩小后的工具。小工件难于直接用手持加工的场合，可用手钳操作，或者置手钳于虎钳之上进行加工。

其用途虽与长腿虎钳相似，但也有非常不同之处。它的形状类似长腿虎钳，从照片可知是锻造品。锻造品使用于强力作业，但也不能说得太绝对。

该手钳是通过蝶形螺母紧固的。不能施以太大的力。其紧固螺栓是矩形螺纹，其实三角形螺纹就足够了。

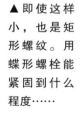

钳口开闭的方式和长腿虎钳一样，也是闭口时下侧相合。此外，手钳的大小由总体的长度决定。

手钳

▲即使这样小，也是矩形螺纹。用蝶形螺栓能紧固到什么程度……

▶钳口下侧相合

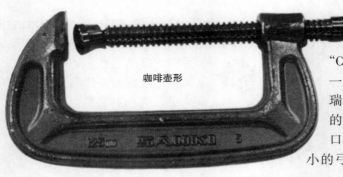

咖啡壶形

C形

弓形夹钳

弓形夹钳有"咖啡壶形"和"C形"两种。C形通过外观一目了然，咖啡壶形是模仿瑞典咖啡壶制造公司生产的产品形状。其大小用钳口开度表示，因此同样大小的弓形夹钳中，C形可夹持的深度较大。

同样大小的弓形夹钳中，C形的夹持强度较高，这是结构力学上的问题。由弓形夹钳的形状、用力状态决定其通常是锻造品。因为紧固螺栓的强度要求，所以采用矩形螺纹，如照片所示，螺纹的牙顶比牙底小。紧固螺栓的头是可变头，即使是再倾斜的工件也能夹紧。

此外还有类似于弓形夹钳的工具如下图所示。它与弓形夹钳的用途相同，夹紧面的平行、着力方式等用2根螺钉调整，能够进行某种程度的改变。

▲ 尖端是可变头

▲ 与弓形夹钳相似的工具

▲ 弓形夹钳使用举例

扳手

扳手是六角螺栓、四角螺栓、螺母紧固或拆卸时所使用的工具。

呆扳手

スパナ（扳手）是英语 spanner。做同样工作的还有扳子。扳手和扳子实际上没有区别，在英国叫扳手而在美国使用扳子。转动螺栓、螺母的扳子、扳手有许多种类。

这里以 JIS 标准规定的呆扳手和与其类似的工具的范围来说明。在 JIS 标准中有 open ended spanner，是开了口的呆扳手的意思。

呆扳手根据头部形状分为"圆形"和"枪形"，有单口和双口两种，看照片即可明白。枪形的呆扳手标"S"记号。

其中，圆形呆扳手根据质量不同分为"普通级"和"强力级"两个等级。普通级标"N"记号，强力级标"H"记号。然而实际上 JIS 标准件全是 H 级的，N 级在市场上没有出售。

为保证强度，JIS 标准规定产品要标示"材料记号"。采用高品质材料的产品，为了显示比 JIS 标准强度更大，而标注其自身的

▲强力级记号（H）

▲表示方法（S）

▲表示铬钼钢中加矾的材质

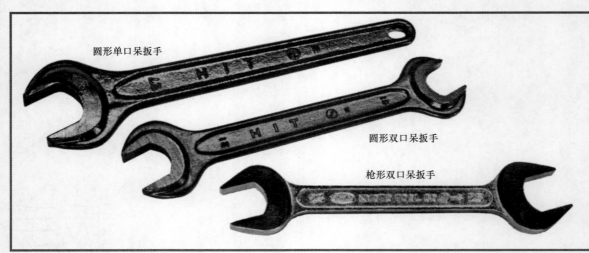

圆形单口呆扳手

圆形双口呆扳手

枪形双口呆扳手

材料记号。

　　呆扳手的头部与其手握部约呈 15°的角度。因为有此角度而使操作方便，随后就约定俗成并加以标准化。15°这个角度并无特殊意义。

　　在特殊情况下也有特殊角度的呆扳手。汽车发动机维修用的工具中有"挺杆扳手"、"点火扳手"。

　　挺杆扳手是调节挺杆长度的工具，其头部比普通扳手薄。使用前提是以两只扳手为一组，它们的尺寸相同，一头呈 15°的角度，另一头是笔直的。点火扳手的一头呈 15°，另一头为 60°的大弯曲。

　　有弯曲大口径管子用的呆扳手，整体呈 S 形。因为管子不能动，所以要把呆扳手伸入管子的下侧使用。

　　还有一头与普通呆扳手相同，另一头是同尺寸的梅花扳手，叫两用扳手。

　　紧固或拆卸大直径的螺栓、螺母人力有

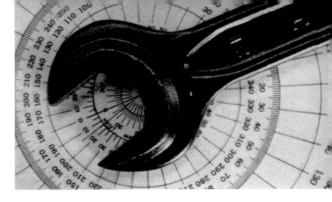

▲头部与把头呈 15°

限，应该使用大呆扳手，并用锤子敲打把手后端使其紧固或拧松。

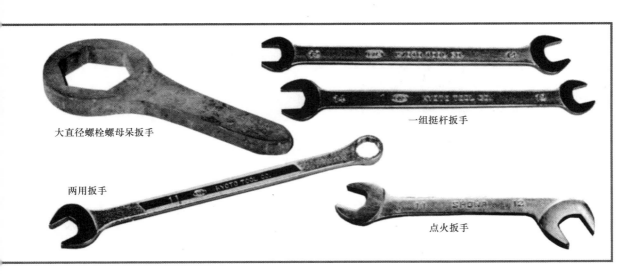

大直径螺栓螺母呆扳手

一组挺杆扳手

两用扳手

点火扳手

呆扳手的规格与表示方法

呆扳手的规格以开口宽度的尺寸表示，即照片中的扳手口宽。这个尺寸与螺栓、螺母的对边距尺寸相对应。

双口呆扳手，如 12×14 这种尺寸应将小的尺寸放在前面。这种尺寸组合不是随便搭配的，一定要按照 JIS 标准的规定来组合。一般的规格是 5.5×7~30×32，圆形和枪形均如此。圆形双口呆扳手还从 32×36 到 46×50 规定了 4 种规格。

然而实际的呆扳手规格并非这样表示，而是由各头部根处的宽度尺寸表示。

按说用这样简单的方法来表示呆扳手的规格似乎没问题了，其实并不一定。因为用旧法表示规格的呆扳手，有一些还在使用。

旧规格的呆扳手是用螺钉（螺栓、螺母）的公称直径来表示的，那时也有作为英制螺纹的惠氏螺纹规格，而且规定了与米制螺纹 M17、惠氏螺纹 W3/8 这种尺寸相对应的六角头的对边距尺寸。

所以 M17 呆扳手的开口宽度与公称直径为 17mm 的六角头（六角形螺母）对边距尺寸一致。W3/8 呆扳手的开口宽度与公称直径为 3/8 英寸（1 英寸中 16 齿）惠氏螺纹螺栓的六角头（六角形螺母）对边距尺寸一致。

在车间称它为"17 毫米扳手"（M17螺栓、螺母用的扳手）、"3 分（公称直径为 3/8 英寸）呆扳手"（W3/8 螺栓、螺母用呆扳手）。

其后，惠氏螺纹规格被废止，螺栓、螺母的规格只有米制螺纹，呆扳手的规格也用

▲扳手的规格以这个尺寸——对边距表示

▲惠氏螺纹规格表示的扳手

▲对边距英寸表示的扳手

开口宽度来表示了。

既然新旧两种规格的呆扳手都存在（混存），在现场工作时遇到呆扳手的称谓、规格混乱也就难免了。惠氏螺纹规格纵然被废止，但该规格的螺栓、螺母仍存在，与之适应的扳手也就还需要。此外与汽车有关的扳手，以统一协定螺纹（美、英、加军用规定的螺纹标准）为首，有各种用英寸表示公称直径的扳手，以及用英寸表示对边距的扳手。总之，情况很复杂。

还有 12×14、14×17 这种数字组合，它由 JIS 标准规定。但第 70 页的 19×21 圆形、23×26 枪形双头呆扳手的规格在 JIS 标准中却找不到。可它们作为维修工具使用，在当前还能看得到。对边距为 21、23、26 的六角头螺栓在 JIS 标准中没有，它们分别是旧的 JIS 标准中 12、14、16 六角头螺栓、螺母的六角形对边距。

在修订后的 JIS 标准中，M12 的对边距

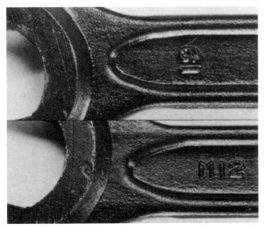

▲开口宽度为 19 的呆扳手（上）里侧用 M12 螺纹的公称直径表示

▲请看表示各呆扳手口宽的数字。M8 的螺栓、螺母的对边距有三种，前面是新 JIS 螺纹 13mm，中间的是旧 JIS 螺纹 14mm，剩下那个是小型呆扳手12mm

是 19，M14 的对边距是 22（尽可能不使用），M16 的对边距是 24。

六角头螺栓、螺母中也有小型螺栓、螺母的规格。同样是 M8，普通六角头螺栓、螺母的对边距为 13，小型螺栓、螺母的对边距是 12。

这样，螺栓、螺母在 JIS 标准修订前和修订后的规格不但混合存在，而且迄今仍在生产旧 JIS 标准的产品。在新 JIS 标准中也有小型螺栓、螺母。

呆扳手如果不用开口宽度表示很难办，因为旧 JIS 标准的螺栓、螺母用的呆扳手还需要。并且仍依照旧的表示方法来标示呆扳手的规格。

在规格中反映螺栓、螺母的对边距是很有必要的。开口宽度为 19 的呆扳手里侧有 M12 的标示，这是新 JIS 标准所规定的。

由此可以看出，呆扳手的规格和表示方法更加复杂了。要想消除这些混乱的现象，消除读者的混乱，大概需要相当长的时间。

呆扳手的使用方法

▼大兼小，螺栓、螺母的棱角受损，未能紧密与扳手吻合时，可插入适当的板使用

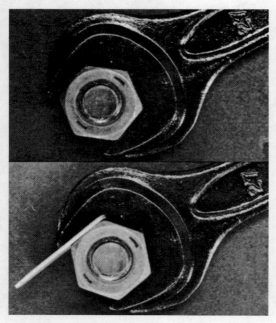

▼转扳手的方向无论哪边仅是用力的点改变，最好向使用方便的方向转

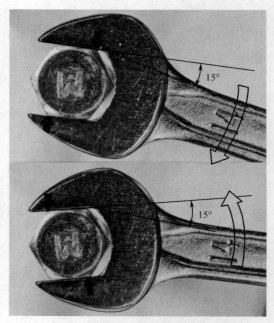

呆扳手的口宽和所对应六角头螺栓、螺母对边距的尺寸应相互一致，这是呆扳手的使用原则。熟练操作者通过目测就能选择规格恰好的扳手。即使没有如此丰富的经验，也可根据扳手上标明的数字来选择，或者直接摸摸看。

在手头没有所需呆扳手的情况下，可以采用"大兼小"的方法，使用大扳手是常有的事。关于呆扳手内侧面的硬度，圆形是强力级，枪形是 H_RC45。与此相对的普通（无

标示）螺栓、螺母硬度并无规定限制。标有"4"记号的是超强级的，其硬度为 H_B 105~229。这在 H_RC 一般不被采用。换句话说是试验对象以外、互相换算之外的硬度，这种硬度是不正常的。

根据照片了解：呆扳手和六角头螺栓、螺母只有两点接触。呆扳手口宽与螺栓或螺母对边距的尺寸差越大，六角头的棱角变形越大，就越容易产生磨损。若六角头损毁，呆扳手就易打滑、脱离，运气不好

还会受伤。

如果不能紧密吻合，可以插进适当的板以适应对边距的尺寸。扳手的两个内侧面正侧有尺寸公差，螺栓、螺母的对边面上有尺寸公差。所以就算双面的数字相同，扳手着力的是两个点而不是两个面。

这里可能误解的是呆扳手的转动方向。呆扳手设计成 15°角度，所以会认为使用时要向该方向转而不应反向转动。请看照片，不论向哪个方向转，呆扳手的着力方式都是相同的。15°是头部和把手部之间的角度，与呆扳手头部的强度没有关系，向哪个方向转都一样。根据场合的不同，该角度还会起很大作用。

了解了以上道理，使用呆扳手时就知道要使螺栓、螺母完全进入开口的深处，相对轴的方向成直角，扳手与螺栓、螺母的面保持水平。如果呆扳手倾斜就会损伤六角头的棱角，并有扳手脱离的危险。

将两把呆扳手的口相互挂接加长也很危险，容易脱落。这样加长使用会使扭矩加大，可致扳手受损、螺栓截断。

插进管子加大扭矩的事常有发生，这也会造成对扳手、螺栓、螺母施加不合理的力。

用锤子敲击更不用说，螺栓、螺母生锈时也不能过分去做。

▲进到开口的深处

▲只卡到前端，容易脱落

▲斜放容易损伤六角头的棱角

▲两把连接有脱落危险

▲一般情况下不可用锤子敲打

活扳手在日文中是很奇怪的名字，是从头部像猴头样的扳手而来的。英语俗称 monkey wrench，却成了日语的正式名称"モンキレンチ"。正解是指能调节开口的扳手，JIS 标准中的名称是 adjustable angle wrench。

在日本称为英国扳手，英语里是活动扳手，日本把其中带角度的称为活扳手。

活扳手根据头部角度的不同有 15°型和 23°型，二者分别都有强力级（H）和普通级（N）。活扳手大部分是锻造的，也有仅活动体是锻造的（P）。实际上似乎只有强力级产品在销售。

活扳手的规格有 100、150、200、250、300、375 等 6 种，用全长为 1in（25mm）的倍数表示。该公称尺寸在把手的适当位置上标示。

对边距的最大尺寸也有规定，使用时即可了解。

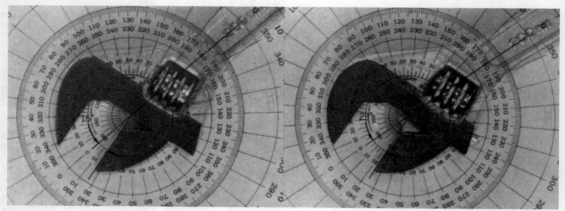

▲头部角度 15°型　　　　　　　　　　▲头部角度 23°型

活扳手

　　组装之后轻压主体内的蜗杆口，支杆不会轻易掉下来。

　　活动体和主体的关系，根据照片或实物即可了解。

　　活动体的硬度是 $H_RC\ 43$，蜗杆的硬度是 $H_RC\ 40$，支杆与蜗杆的硬度大体相同。

▲规格为 **250** 的扳手，活动体最大开口是 **29$^{+3}_{\ 0}$mm**

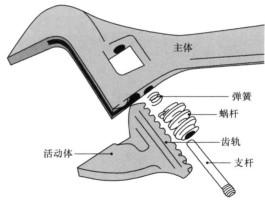

主体

弹簧

蜗杆

齿轨

支杆

活动体

▲活扳手的结构

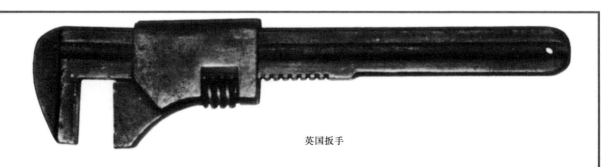

英国扳手

活扳手的使用方法

活扳手的使用方法除一个问题之外与呆扳手完全相同。扳手开口与所需紧固或拆卸的目标件紧密吻合，目标件要进入开口深处，与扳手紧固面保持水平。活扳手与紧固面倾斜、在手柄上插管子使用、用锤子敲击都是不允许的。应该考虑到活扳手不像呆扳手那样是固定的，正因为有活动部分所以不那么坚固。这些问题无疑要予以注意。

唯一的问题是转向。呆扳手无论向哪个方向转都一样，而活扳手则不能向活动体的

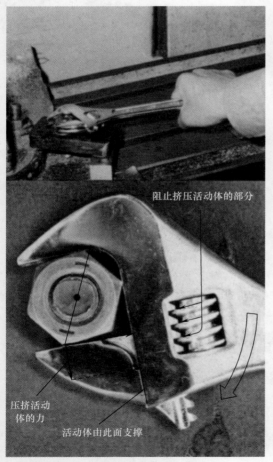

阻止挤压活动体的部分

压挤活动
体的力

活动体由此面支撑

▲ 正确的使用方法是向活动体方向转动

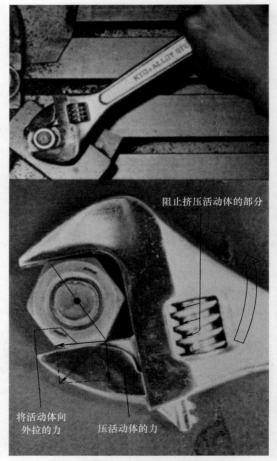

阻止挤压活动体的部分

将活动体向
外拉的力

压活动体的力

▲ 向固定钳口侧转动时，活动体的松动增大

78

反侧（固定钳口）转动。

　试看第 74 页呆扳手的用力方法。如果把加于活动体的力分解，会形成将活动体向下挤压的力和向外侧拉的力。

　支撑向下压力的是齿轨和支杆，其啮合3~4齿。齿轨和支杆都制成锯齿形，压力过强时自然要变形，从强度看也是如此。

　支撑向外侧拉力的是主体和活动体嵌合槽的圆孔部分。主体的孔是采用机械加工成形的，活动体是锻造件，它们并不能完全接触，因为集中在最大突起部分的力使之变形。

　由于这种情况不断重复，活动体的松动无可避免地加大。无论怎么让活动体与拧紧物接触面紧密贴紧，加力时，该松动的活动体也还是会退缩。随着情况加剧，接触面理所当然不合。

　将活扳手与拧紧物嵌合时，要握住把手根部，用大拇指一边转动蜗杆一面使之靠近螺栓、螺母，紧贴固定钳口面直到蜗杆不能转动。这样，通常是让活扳手的头部上下方向活动，在无松动的情况下重新握住。

　把开了口的活扳手套在螺栓、螺母上，齿轨和蜗杆之间存在松动部分使得活动体向上滑动，该松动部分决定开口的大小。归根结底，活扳手的使用原则大体是按常规用大拇指转动蜗杆，以确认有无松动。

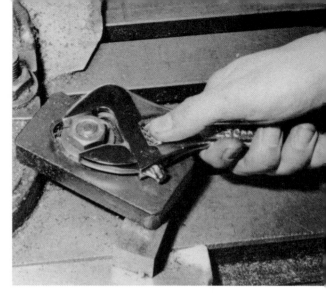

▲握住把手的根部，一边用大拇指转动蜗杆，一边放上活扳手，上下面紧密咬合着贴上活动体

▲英国扳手越大，活动部开口越大

内六角扳手

内六角扳手用于内六角螺栓、内六角止动螺栓。日语正确地表现了该工具。

所说内六角螺栓、内六角止动螺栓，是在螺栓和止动螺栓的头不露出紧固面的情况下使用的，如照片中螺栓头部设有六角孔，插进该六角孔转动螺栓或止动螺栓。

其他形状的扳手在转动螺栓、螺母时，转动方向上的力会增大。只有弯曲的六角扳手不会加大其转动方向上力的强度。由此，其他扳手的硬度规定仅是针对接触螺栓、螺母的部分，而此内六角扳手的硬度则是针对扳手整体，并且为 H_RC 43~53，非常硬。

内六角扳手的材质选用 SCM3（铬钼钢），进行淬火、回火，施以磷酸盐、氧化铁镀膜。可以认为，由于这些条件，仅靠硬度规定就可承受安装力矩。

制定标准时，依靠了厂家质量管理的经验，标准是从承受必要力矩出发的。

内六角扳手的规格也依照对边距来制定。JIS 标准中的规格为 1.5~36，有 18 个种类，自然是对应着螺栓、止动螺栓的六角孔规定的。

在尺寸方面，规定 L 形的短边和长边。使用时通常是使短边一侧进入拧紧件的六角孔里。也有根据情况使长边一侧进入六角孔的，这种

▲内六角扳手多是这样各种尺寸成套出售

场合由于不能充分施加力矩，因而把其他扳手搭在内六角扳手上使用。

内六角扳手尽管形状与普通扳手完全不同，但它也是扳手这一点毋庸置疑。可以说普通扳手不能做的事内六角扳手也做不到，二者只略有不同。

规格为 5 以上的内六角扳手，仅其扳手长度（长边侧）达不到内六角螺栓需要的紧固力矩，所以规格 5 以上的内六角扳手，厂商指明"作为辅助，把管子插入扳手根部使用"。不言而喻，根据扳手的规格不同，该辅助管的粗细、长短亦有不同。

与扳手在使用时倾斜的现象一样，有时内六角扳手不能全插进六角孔。如果不把内六角扳手放进六角孔的底部，安装力矩只加在该孔的边缘，就容易造成扳手脱落，使扳手和六角孔的棱角受损。特别是使用中的机械如机床等，其六角孔中塞满切屑、尘土、油。拆卸时应将六角孔清理干净，让扳手完全插到孔底使用。

使用时可参考厂家资料中介绍的内六角扳手的硬度＝强度的基准。其关系是内六角螺栓＜内六角扳手＜内六角止动螺栓。

内六角扳手是由美国艾伦公司普及的，因此在美国也称

▼车床往复工作台上的内六角螺栓被塞满油、切屑和尘土

其为艾伦扳手（Allen wrench）、艾伦键（Allen key）。日本年龄大的人也有人那样称呼。

JIS 标准中内六角扳手的名称是 hexagon wrench（key）。

▲内六角扳手上用对边距表示的厂商标记

▲六角孔是正公差，扳手是负公差

双头梅花扳手

双头梅花扳手的语源不详，英语是 offset wrench。在日本俗称为"眼镜扳手"，不知为何，有点使人感到诧异。

其柄部相对于头部的角度在 JIS 标准中规定有 15°、45°、60° 这 3 种。另外也有 30° 的。15° 的其柄部笔直，到 45°、60° 因角度增大柄部再一次弯曲。根据长度不同有长型、短型两种。

该扳手的梅花孔有 12 个角，相对于呆扳手在开口的两个地方受力，梅花扳手在使用时则是包围拧紧物全周，六角、十二角的角度同时有六个地方受力。由于全周围绕，不像呆扳手那样开口，所以其厚度很薄。

双头梅花扳手的规格是用两头十二角孔的对边距来表示，如规格是 10×12，仍是将小的数放在前，和双头呆扳手一样。JIS 标准规定有从 8×10 到 24×27 共 10 种组合。但仍承认旧 JIS 标准中作为维修使用的 3 种规格和用英寸表示的 6 种规格的组合。这些工具也经常在市场里出现。

因为孔是十二角，所以双头梅花扳手相对于呆扳手能精细操作。它没有呆扳手那种头部和柄部的角度，而是笔直的。

对边距是相互平行面间的尺寸，初见难于明了，与标度盘对照比较就明白了。其数字在手柄的根部表示，这一点与其他扳手相同。

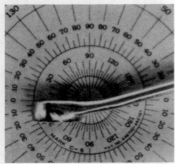
▲柄部和头部的角度为 15°

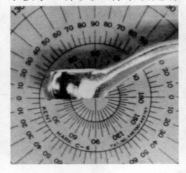
▲30°的（JIS 标准外）

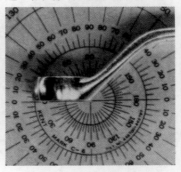
▲45°的（柄部在中途弯曲）

▲双头梅花扳手有短型（上）和长型（下）

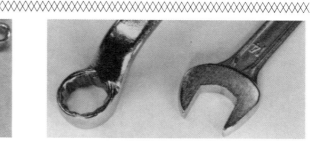

▲双头梅花扳手的头部不带角度

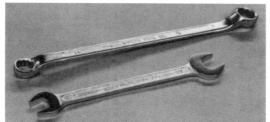

▲相同规格，双头梅花扳手比呆扳手长

▲挠矩检查，到这种程度的弯曲会复原

其硬度是 H_RC42，处于扳手的普通级和强力级中间。考虑到是在 6 个地方受力，这种硬度是很充分的。

双头梅花扳手受挠矩的强度限制。例如，对边距为 22 的扳手，其挠矩是 43kg，其承担负荷的上限为 120kg，到这种程度即使弯曲也会复原。

为什么双头梅花扳手比相同规格的其他扳手长呢，这个情况是自然发生的，没有明确的原因。

使用时，呆扳手横向也能夹持螺栓、螺母，而双头梅花扳手只有从上侧套的方法。另一方面，呆扳手有一个开口，存在会脱离的危险；而双头梅花扳手包围全周，因此脱离的危险很少，也就是说它比较安全。

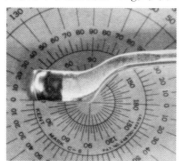

▲60°的

▲双头梅花扳手 6 个地方接触

▲对边距的看法

扭力扳手

小螺钉、止动螺栓、螺栓、螺母全以紧固为前提。螺钉公称直径有大小之分，是由于要适应所要求的紧固强度的大小。反过来说，需要适应螺钉大小的紧固力。

一般在紧固螺栓、螺母时，确认是否按适应螺栓、螺母的或设计上要求的安装力矩紧固，是一个问题。这个问题可以由本页的扭力扳手来解决。就是说用活扳手（呆扳手）紧固螺栓、螺母时，扳手能在希望的安装力矩数值上完成。

JIS 标准中规定扭力扳手有 4 种，这是因为能判断所希望的安装力矩的机构各种各样。最重要的是与利用气动、电动机构相对应的"手动式扭力扳手"。

最简单的形式是"板式"。臂构成板弹簧机构，给扳手加力时该臂弯曲，指针即指示度数。通常把能使用的力矩范围的最大值作为该扭力扳手的规格。例如，能使用的范围是 100~900kgf·cm，则其规格就是 900。

结构复杂的是"刻度盘式"扭力扳手。通过刻度盘来读取安装力矩，由刻度盘结构显示角传动和同轴的弹簧扭曲。其规格的表示方法和板式一样。这种扭力扳手根据使用者的姿势和位置不同，刻度盘的示数可能会不易读取。于是出现这种形式：事先把希望的数值安排好，力矩达到时就亮灯。

预置式是事先安排好希望值，力矩一达到该值操作者靠声音或手感就知道了。这种

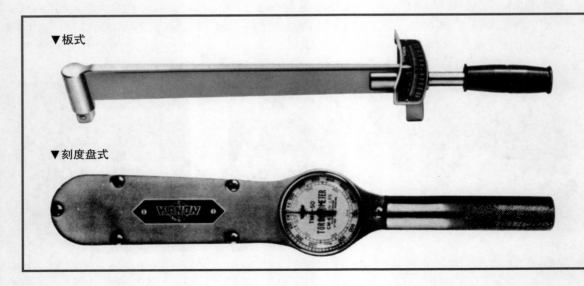

▼板式

▼刻度盘式

形式将"可调范围"的最大值作为其规格。板式和刻度盘式扭力扳手在"可用范围"内能随意使用；预置式扭力扳手是调整在"可调范围"的某种值，使用的只是该值。当然，如果改变调整点，其使用值也改变。

单能式和预置式扭力扳手的结构一样，"可调范围"非常小而且在使用中不能调整，只能用于某一值。这从其名称（单能）就可以看出。它与螺栓、螺母相嵌的头部当然只有一种，头部与呆扳手一样，只能用于该两衔面扳手的某一力矩值。

板式、刻度盘式、预置式扭力扳手因有"可使用（调整）范围"，紧固的螺栓、螺母自然也在其一定范围内有各种大小。

为了适应螺栓、螺母的大小变化，可形成套筒扳手方式；预置式则采用棘轮方式。

不过，不可思议的是套筒的角传动规格只

▲板式的使用，了解力矩判断方法

有 12.7mm（1/2in），而这个扭力扳手的角传动却有 6.35（1/4in）、9.5（3/8in）、12.7（1/2in）、19.0（3/4in）、25.4（1in）5 种规格。当然，如果没有适应这 5 种角传动的套筒就没有意义，实际上是怎样的呢？

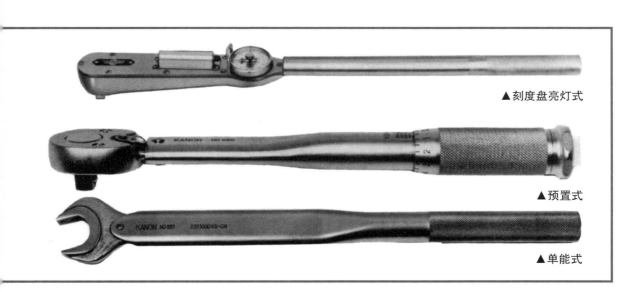

▲刻度盘亮灯式

▲预置式

▲单能式

扭力扳手的结构

扭力扳手可通过第85页使用中的照片了解其结构。其中，刻度盘式较复杂，它的生产、使用量少，这里省略。使用最多的是单能式，其次是"调整范围"较大的预置式。这两种结构完全一样。

把单能式的圆筒（手柄）一部分切开来看。单能式、预置式能够正确判断、感知力矩值，比板式和刻度盘式好。虽然板式、刻度盘式的"使用范围"广，但在正确地没有个人误差地判断某一力矩值方面却比较难。

预置式加减螺旋弹簧的推压力，能在一定范围内自由选择希望的力矩值。将把手和螺钉结合转动把手，从而可使螺旋弹簧的推压力增强或减弱。

单能式扭力扳手固定此螺旋弹簧力。

1 单能式

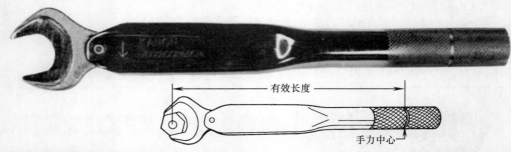

▲不受力状态。右边手柄把手的内部置入螺旋弹簧，经常向左边推压。手柄左边有一长杆与头部（单能式的头部与呆扳手的头）相连接，以圆筒（手柄）尖端为中心在窄小的范围内旋转

▲安装力矩若是成为规定值，螺旋弹簧不能抵抗而成为这种状态。左侧出来的长杆离开圆筒内壁将成为连杆机构的中间杆向右推压螺旋弹簧。这时在瞬间会有"咯噔"的手感，操作者即可知道达到该力矩值

扭力扳手根据加（握）力的位置不同，其效果不同。

扭力扳手即使在相同弹簧的状态下工作，由于加力位置远近的影响，其力的强弱效果也不同，这和杠杆原理一样。握手柄尖端（远处），其力虽小但作用大；若握靠头部的位置（近处），必须用大力才能达到该力矩值。

由于这个原因，为了正确使用扭力扳手，除了靠刻度结构读取力矩值外，还在手柄的把手部位标示"手力中心"。

从该手力中心到螺栓中心位置的长度称

▲力矩最小调整（左）与最大调整（右）

为"有效长度"，以此为基准来考量。

单能式和预置式扭力扳手是以手柄的一点为轴活动（旋转）的，这个旋转轴与螺栓、

2 预置式

螺母中心的距离成为设计、制造上需要考虑的问题。在相同螺旋弹簧的状态下，如果这个距离变化，则力矩工作值就发生变化。这

是制造商方面的问题，与用户无关。若是使手柄内部的长杆以螺栓、螺母（角传动）的中心为轴活动，上述难题就不存在了。

▲环垫方式的内部结构

▲工作前

▲工作后

套筒扳手①——套筒

ソケッレンチsocket wrench（套筒扳手）是基于套筒的扳手。socket 是"插口"、"插孔"之意。在众多手工操作工具中，片假名（注：日语文字的一种体，书写外来语或特殊词汇）的名字和英语一致的当属ソケットレンチ（socket wrench，套筒扳手）。随着汽车产业的发展，出现了专供汽车修理用的工具。

这种工具进入日本较晚，由此套筒扳手这一工具就有了正确的名称。

套筒扳手因其出现较晚，所以设计会更合理并且应用范围非常广。套筒扳手由套在螺栓、螺母上的套筒和转动套筒的手柄类组成。

在 JIS 标准中有关于此类套筒扳手的套筒、伸长拉杆、旋转手柄、万向接头、T 形

▲▼从上、下图可见套筒大小各式各样。上图右边 2 个是六角孔，中间和左边 2 个是 JIS 标准以外的套筒。下图左侧是 **19mm**，右侧是 **9.5mm**，中间 3 个是 **12.7mm** 的方孔

▲此套筒是对边距为 **22mm** 规格的十二角孔。其反侧是 **12.7mm** 的方孔。方孔内侧可见嵌入钢球的凹处

滑动手柄、棘轮手柄的材料的规定。

套筒扳手用套筒，一方面是嵌在螺栓、螺母上的六角、十二角的孔，其规格（由对边距确定）在10~32之间；相反一侧为12.7mm（0.5in）的方孔，用于插进手柄等工具。

有关其规格尺寸，维修时仍有使用旧JIS标准的螺钉，规格还有用英寸表示的。在JIS标准以外，生产和销售着各种大小规格的套筒扳手。

在JIS标准中，方孔只有12mm（0.5in）、9.5mm（3/8in）、19mm（3/4in）的被制造商推出。也有将标准尺寸加长的。这些数字通常

标示在套筒的外周。

套筒扳手是把手柄插进套筒的方孔里使用。进入方孔的部分称作"方榫"，其规格定为12.7mm（1/2in），与套筒的方孔相同，也有9.5、19的。

在套筒扳手的使用中，将套筒从手柄上脱下很不方便，于是把钢球铆进方榫侧，从内部用弹簧上推；另一方面，在方孔内侧的各面上加工出凹处，让方榫处的钢球嵌入其中。

插入时钢球被压，在方孔凹处受弹簧推挤而嵌入其中，使套筒不会掉下。

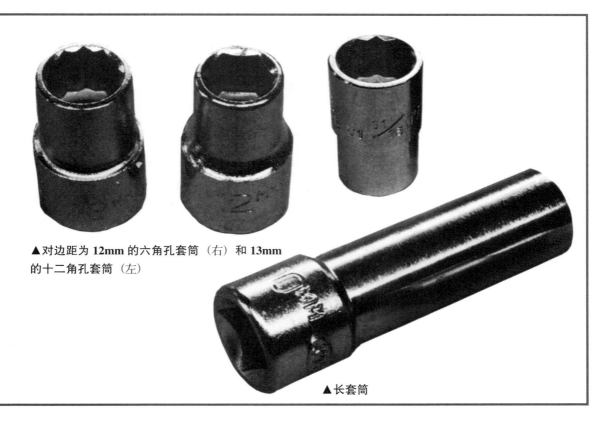

▲对边距为 **12mm** 的六角孔套筒（右）和 **13mm** 的十二角孔套筒（左）

▲长套筒

套筒扳手②——手柄

套筒扳手在上述套筒与手柄配套后才能有效工作。手柄方面，JIS 标准规定了旋转手柄、T 形滑动手柄、棘轮手柄。实际上市场上销售着 JIS 标准件以外各种各样的手柄，比 JIS 标准的规格多很多。

偏置手柄的紧固面很广，在转动手柄方面没有障碍，使用最可靠。而且由于其结构简单，所以价格低廉。不过，应用时效果不太理想。

在螺栓、螺母周围空间窄而深时，应使用 T 形滑动手柄。它长短各异，可根据所需高度更换使用。

另外，也有通过棘轮反向空转的，很便于在狭窄的场所使用。

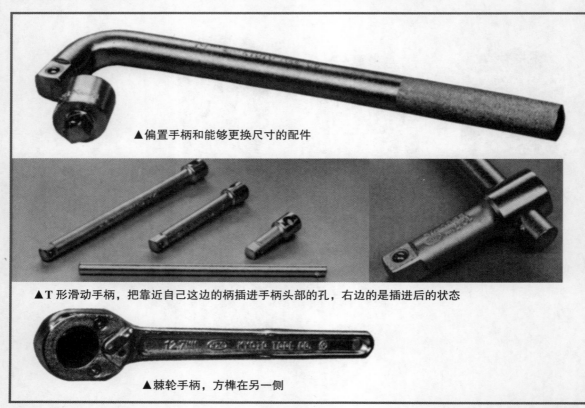

▲偏置手柄和能够更换尺寸的配件

▲T 形滑动手柄，把靠近自己这边的柄插进手柄头部的孔，右边的是插进后的状态

▲棘轮手柄，方榫在另一侧

旋转手柄像偏置手柄那样头部角度能自由变化，即使周围有制约也可倾斜使用。

还有在旋转手柄上安装棘轮结构的。

嵌在手柄和套筒中间抬高使用位置的是伸长拉杆。一方面，其作用和套筒的方孔一样；另一方面，构成手柄类的驱动部。伸长拉杆也可以做成像 T 形滑动手柄那样使用，即在方孔侧设置插入手柄的孔。

同类型的伸长拉杆，也有不同的方孔和驱动部尺寸。通常驱动侧是 12.7mm，将方孔小的设计为 9.5mm，大的设计为 19mm；也有

的与此相反。

还有能在所有方向上使手柄旋转变化的万向接头，置于手柄和套筒中间。有的扳手从最初就安装着这种装置。也有的手柄做成螺钉旋具式。

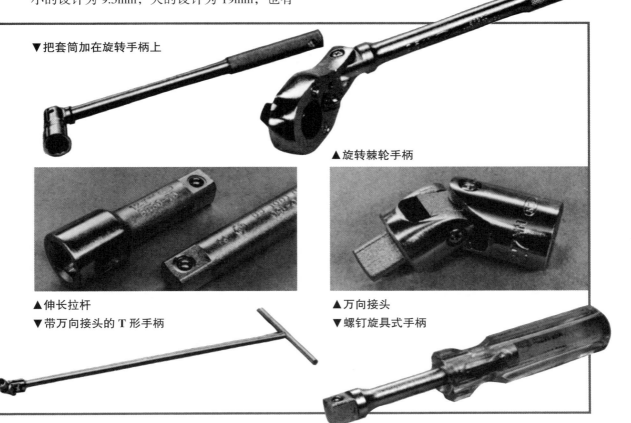

▼把套筒加在旋转手柄上

▲旋转棘轮手柄

▲伸长拉杆

▼带万向接头的 T 形手柄

▲万向接头

▼螺钉旋具式手柄

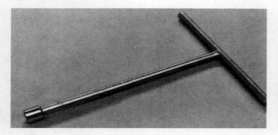

▼T 形套管扳手

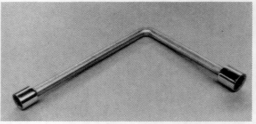

▼L 形套管扳手

　　最常见的是套筒和柄固定的扳手。其柄的形状多有变化，如 L 形、T 形、十字形、Y 形等，当然都是六角孔。特别是 T 形扳手能自如地活动横杆，以前被称为"套管活扳手"和"套管扳手"。此外的扳手多用于汽车修理中。方孔的套筒扳手很早就在车床刀架上安装刀具时使用。所以套筒扳手是一种经常被使用的工具。

其他扳手

另外，还有一些特殊的扳手。

　　拆、装双头螺柱时螺柱上没有抓的地方，这就比较麻烦。在这种情况下经常使用管扳手，制造厂称其为双头螺柱拧出器。

如照片所示，其外周有带齿的偏心板，轴的一端有方孔，用手柄转动。像照片那样在孔中插入螺柱，一转动手柄，偏心的齿轮便咬住螺柱的中间部分。

▲ 双头螺柱拧出器

▲ 用于双头螺柱

▲ 这样嵌入

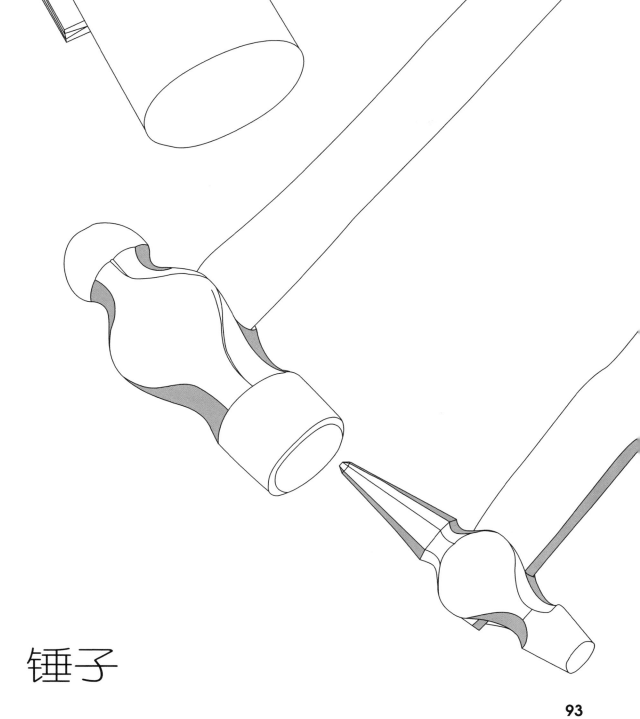

锤子

锤子的
种类

锤子的种类繁多，根据工作性质不同其形状各异，名称也不尽相同。

主要在机械厂或与金属加工有关的场所使用的是"锤子"，这是 JIS 标准中的叫法，其形状一般是头的一侧为平的，对侧呈球状。

在机械厂锻造车间或铁工厂使用的是双头锤，比普通锤子大且重。这种大锤的柄被加长用双手操纵。

机械厂使用的锤子是用软金属制造的，以使工件不留伤痕。软金属通常有铜、铅。特别是铅锤不一定带把手，只把铅锤头握在手里使用。代替铜锤、铅锤的也有塑料锤，但因重量不足没有足够的敲击力，而将头部的中心用铁制造，只用塑料做两侧的敲击部分。

木锤被以铣工为首的机械工、整修工所使用。使用时轻轻敲击，不会使工件带伤痕。当卧式镗床、刨床等加工的材料大而又不能带伤痕时，便使用头号木锤那样的大工具，以前称其为"榔头"。木匠、架子工的工作对象是木材时也使用类似的工具。

有车辆检修用锤子，通常体积很小。根据其大小不同，手柄的长短也各异。其作用是在铁路上敲击车辆行驶部分，检验声音有无异常。在机械厂没有特别的检

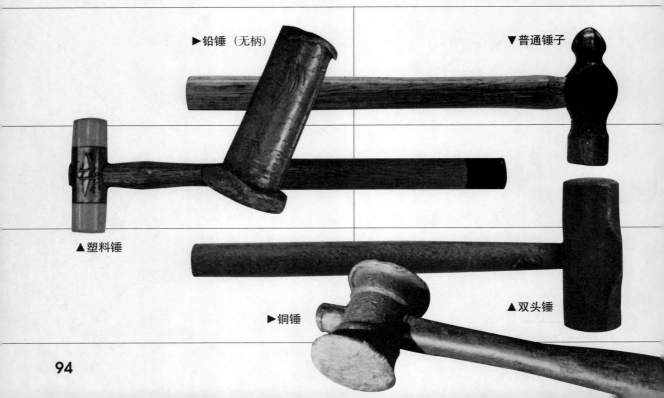

▶铅锤（无柄）

▼普通锤子

▲塑料锤

▶铜锤

▲双头锤

验用途。

随着工作种类的变化，木匠使用的是小铁锤。为钉钉子其锤头一方凹进，反侧凸起（只有轻微凸起）。钉钉子时使用凹面，锤头就不会从钉上滑下，而当钉子全部钉进木中时使用凸面。

对石材和水泥来说也有相应的锤子。此外还包含家庭用的各种无名小锤子。

各类锤子的命名原则是一般不笼统称"ハンマ"（锤子）而叫铁锤、钉锤等。

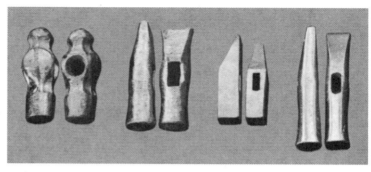

▲锤子的头部

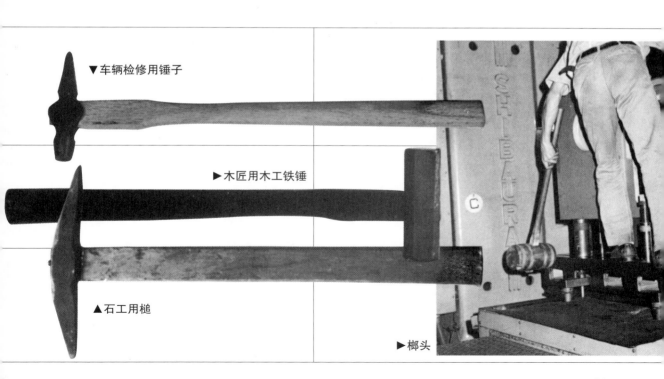

▼车辆检修用锤子

►木匠用木工铁锤

▲石工用槌

►榔头

手锤

手锤在机械厂到处都有。锤子头平的一侧称平头，圆的一侧称圆头。

锤子是猛打对象的工具，所以其最低条件是坚硬、不开裂。平头的硬度为 $H_RC40\sim50$，圆头的硬度为 $H_RC35\sim45$。不但坚硬还不能开裂，要保证其以 10m 高度落在铁基上而不开裂。

区别锤子大小的"规格"有 1/4、1/2、3/4、1、…、3。其中使用最多的是"1"，老师傅称其为"1 磅锤"。根据国际米制原则改掉以英、美重量单位称呼锤头重量，而用 0.11kg、0.25kg、0.34kg、0.45kg……表示，是把磅换算成千克的数值。

俗称"1 磅锤"规格为 1 的锤子重量是 0.45kg，如照片所示。

有关柄的长度和其他尺寸，在 JIS 标准中也载有参考值，但市场销售品不一定采用。

使用时，锤头有容易从柄上脱落的危险，所以要规定拔出柄的力。规格为 1 的锤子，这一力为 480kg 以上。锤头有缺口或有毛头时，使用必须更加注意。

锤子的故障是柄容易从锤头脱落。锤头和柄是分开的，实际销售的是带柄的锤子，柄折断后可更换。

规格为 1 的锤子，俗称 1 磅锤，JIS 标准规定其重量为 0.45kg

为使锤柄不脱出，从反侧打进镶条，柄与锥形孔吻合扩张

如有观察锤头部孔的机会请注意看看。孔从两面向中心构成锥度，所以柄放进孔的部分应把前端弄细，到孔最小的地方与锥度吻合。然后轻轻把柄打进去，进而使劲把夹板打进去保证柄不裂开。再从反侧打进镶条扩张柄的前端，使其与孔的锥度相吻合。这样设置，柄就不易脱落。要使镶条不脱掉，可像照片那样把镶条做成几个节卡住。自己制作时，最好用钢凿打上毛口。

从很早开始，熟练的操作人员就对锤子进行了各种改进。例如，平头端在 JIS 标准中是 100R 的曲面，问题是微圆度的存在是否便于使用。另外，柄的握手部位的粗细、腰（细的地方）的粗细等，可用锉、锯等带齿的工具进行加工。

▲加工柄的粗细程度要便于把握，使之均衡

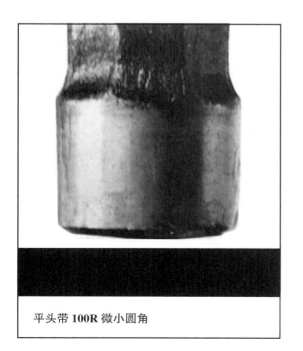

平头带 100R 微小圆角

双头锤与单头锤

　　锻造加工多数使用这类锤子。在铁工厂之外，与土木建筑有关的场合也经常使用。锤子无论在哪里都以强击为目的。按道理讲，因为功能与质量和速度成正比，所以它被制造得大而重（人力操纵范围），是比手锤大而重的工具。

　　大锤主要用于铁工厂、机械厂。要使打击平稳，多数是重量比为 7：3 的单

头锤。可以把它看作是锤子的大型化工具。

　　随着土木建筑的需要，双头锤的使用剧增。在土木建筑方面，其使用方法跟铁工厂一样简单，可以方便地使用双头锤的任何一侧。因此只要没有旧设备残留的机械厂几乎都用双头锤。

　　JIS 标准虽规定了其尺寸，但公差大，地区差异也很大。通常日本关西地区的较粗、较短，关东地区的较细、较长。

　　在锤子中 1 磅锤使用较多，而在双头锤中 10 磅的是主力，以前也用磅来命名。稍小的是 8 磅锤。它们带长柄（规格为 910mm），用双手

挥动。三四磅左右的是短柄（600mm），用一只手使用。

　　锤子的旧规格是用磅来表示；这里讲的锤子在 JIS 标准中的规格是"重量"，为公制的千克。

　　以旧 10 磅的 4.5kg 为中心，规定有 1.5~8.8 的 8 个种类，它们大抵接近旧磅，数值间隔适当。如今还有不少人用磅来称呼。

　　这方面的问题和英寸与米的问题一样，目前年轻人对其混合存在仍感困惑。而且在市场出售的若干锤子，其重量介乎于 JIS 标准件的重量之间。

　　其柄的安装方法与手锤一样。除非很猛烈地使用，否则锤本身不会损坏。但柄是长的，如果使用时不慎重，则容易折断。

　　其使用方法并无特殊的地方。与在土木方面的使用相比，在机械厂中使用更要聚精会神，至少头部对着打击面时要垂直相撞。

　　其次，正因为柄长，敲击力并不是臂力本身，而是在以柄和胳膊长度相加为半径的

▲左：双头锤的头部　右：单头锤的头部

圆上产生加速度。

手锤的规格有 2、3（2 磅、3 磅）的，双

头锤最小是 1.5kg（3 磅）。实际上 2 磅锤几乎都是双头锤，因为双头锤容易制造且价廉。

▲自左至右：**4.5kg**（10 磅）、**1.35kg**（3 磅）、**0.9kg**（2 磅）的各种双头锤和单头锤的头部

木锤

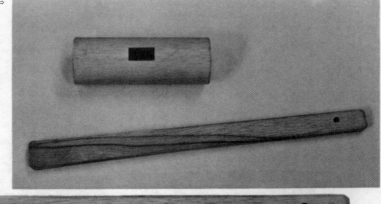

▲木锤头部的孔和锤柄都是单向锥形的，锤柄从前方穿过，并在头部前面露出

铣床往虎钳上装夹工件时必须要使用木锤，目的是使机用虎钳的基准面稳定，不让加工面受损变形。

这种木锤与普通锤子的使用方法完全不同。普通锤子在使用时原则上全是头部垂直撞向打击面，如不这样锤子就有滑动的危险，不但如此，打击力也不能充分地线性增加。

可是木锤不同，木锤是用头上的角（棱）打击，锤击力（质量×速度）中的质量小。以小棱角敲打，比起用宽广面打可使打击力集中在一个地方。倘若像普通锤子那样笔直地撞击，则头部（存在木纹）易裂，所以这样使用也有避免发生开裂现象的效果。

手锤、双头锤及机械厂所使用的其他的锤子，柄的固定都采用从对侧打进镶条使木柄扩张的方式。与此相反，木锤采用从前面把柄打进孔（锥形单向孔）的方式，柄前端粗的部分向反侧露出。

▲木锤用头部的棱击打对方

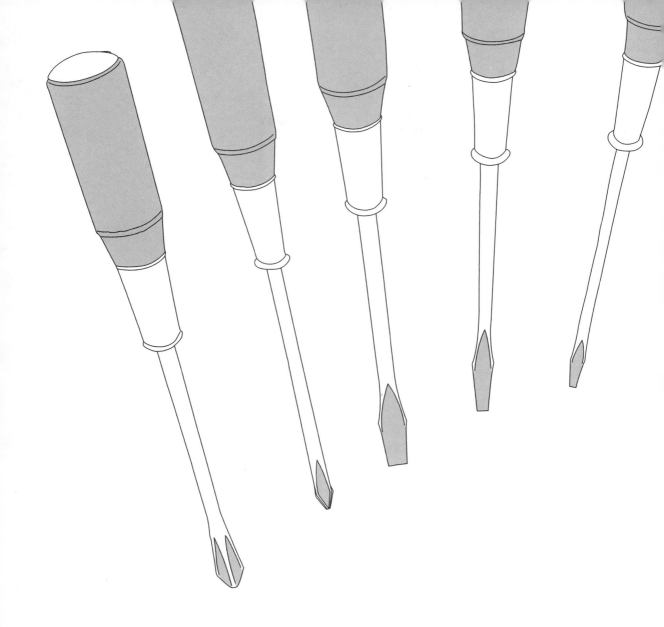

螺钉旋具

螺钉旋具的
种类

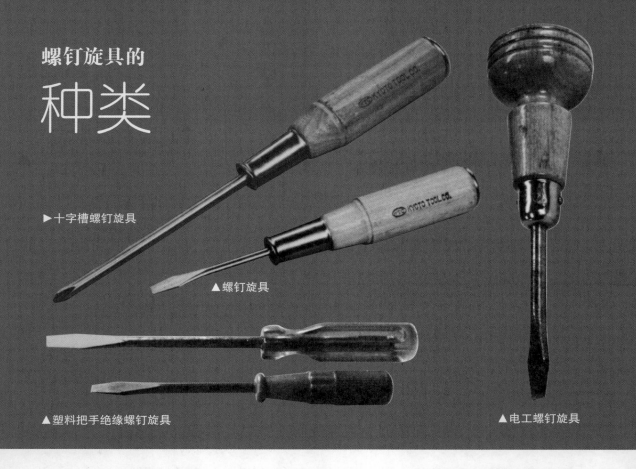

▶十字槽螺钉旋具

▲螺钉旋具

▲塑料把手绝缘螺钉旋具

▲电工螺钉旋具

トライバ是"serew driver=螺钉起子"只取其中 driver 后形成的日文外来语，即 JIS 标准中的"螺钉旋具"。

螺钉旋具（俗称螺丝刀）根据其工作端部的形状不同可分为两种。一种是早就有的"普通"螺钉旋具，JIS 标准称之为"螺钉旋具"；另一种工作端部呈十字形，JIS 标准称之为"十字槽螺钉旋具"。后者是荷兰飞利浦电机公司开发的小螺钉头部和与之相配合的螺钉旋具。因其十字形状一般称作十字槽螺钉旋具，与此相对的"普通"螺钉旋具也称为一字槽螺钉旋具。

机械厂所用的螺钉旋具大抵是 JIS 标准件。不但是在机械厂，自行车店、电机商店等操纵机器的地方都会使用螺钉旋具，就连一般家庭也有一两个。

这些螺钉旋具不一定都限于 JIS 标准件，旋柄几乎都是塑料的，其形状、大小、色彩各有不同。塑料是绝缘体，塑料旋柄利于用在有触电危险的地方，这种螺钉旋具也叫绝缘螺钉旋具。

图中可见一些规格外的螺钉旋具，其工作端部的硬

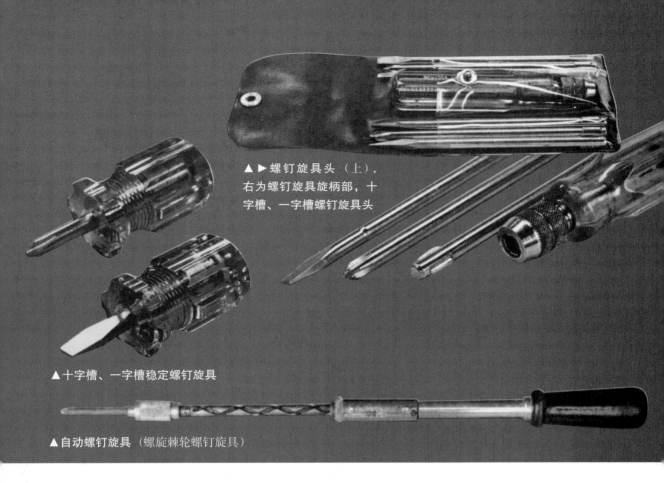

▲▶螺钉旋具头（上），右为螺钉旋具旋柄部，十字槽、一字槽螺钉旋具头

▲十字槽、一字槽稳定螺钉旋具

▲自动螺钉旋具（螺旋棘轮螺钉旋具）

度、抗扭强度、尺寸、形状等都是规格外的。质量差的产品，特别是十字槽螺钉旋具的工作部分如果不符合标准，就会损伤螺钉的十字槽，所以必须注意。

电工螺钉旋具的旋柄很大，容易用力，把手的槽用于捋电线。

旋柄和旋具头是两部分，有的螺钉旋具使用时只更换旋具头。一个旋柄上能更换数个旋具头，可把它们编成组，这样体积较小便于携带。

有一种自动螺钉旋具，是由一根具有左右螺旋槽的螺杆和装在旋柄里的两个螺母实现功能的。旋具头可更换。推动旋柄，旋具头可向左或向右旋转。旋柄在内部的弹簧作用下复位，如此反复，可拧动螺钉。旋柄里设有棘轮机构，可以切换成三种状态：旋柄下推，旋具头右旋；旋柄上推，旋具头左旋；旋柄与螺杆相互固定。

还有一种旋柄和旋具头都非常短的十字槽、一字槽稳定螺钉旋具。

此外尚有特殊用途的螺钉旋具，如钟表螺钉旋具、验电螺钉旋具等。

一字槽螺钉旋具的规格与结构

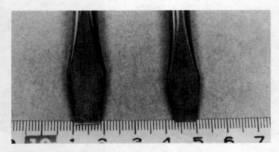

▲口宽 **7mm**（7×25）和 **9mm**（9×200）

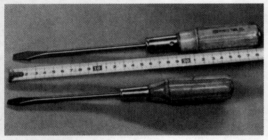

▲旋杆长度为 **150**（8×150）（上）和 **125**
（7×125）（下）

　　一般说的螺钉旋具是指本页要介绍的一字槽螺钉旋具，JIS 标准中有如下规定：规格由"口宽×旋杆长度"确定，如照片中的 7×125、8×150、9×200。

　　根据旋杆和旋柄的结合方法不同，有"普通型"和"贯穿型"两种。

　　下一页中的螺钉旋具是金属旋杆铆在木柄上。将进入旋柄内部的旋杆制成扁平形旋夹头，通过套箍打入旋柄中，这从看套箍前端的孔可以明白。

　　贯穿型螺钉旋具如照片所示，是金属旋杆贯穿于旋柄中，从另一侧把金属头加热、锻压入木柄中。因为加热部分是打入木柄中的，所以结合牢固，而将旋柄木材烫焦。贯穿型十字槽螺钉旋具也是如此。

　　根据质量、尺寸不同，可将螺钉旋具分为普通级和强力级两种，分别用 N 和 H 表示。强力级

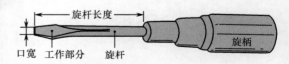

旋杆长度　旋柄
口宽　工作部分　旋杆

▲螺钉旋具的名称

由于木质进行了热处理和将旋杆稍微加粗，从而能承受较大的抗扭强度。

　　机械厂的螺钉旋具通常是标准件、贯穿

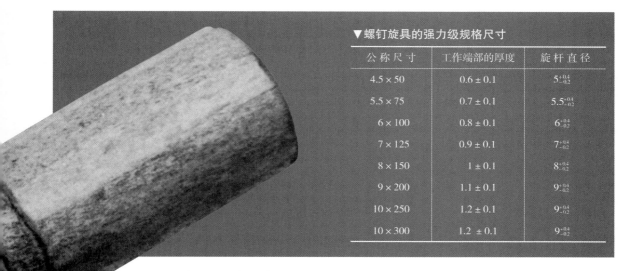

▼螺钉旋具的强力级规格尺寸

公称尺寸	工作端部的厚度	旋杆直径
4.5×50	0.6 ± 0.1	$5^{+0.4}_{-0.2}$
5.5×75	0.7 ± 0.1	$5.5^{+0.4}_{-0.2}$
6×100	0.8 ± 0.1	$6^{+0.4}_{-0.2}$
7×125	0.9 ± 0.1	$7^{+0.4}_{-0.2}$
8×150	1 ± 0.1	$8^{+0.4}_{-0.2}$
9×200	1.1 ± 0.1	$9^{+0.4}_{-0.2}$
10×250	1.2 ± 0.1	$9^{+0.4}_{-0.2}$
10×300	1.2 ± 0.1	$9^{+0.4}_{-0.2}$

　　型、强力级的，制造商也只生产强力级 JIS 标准件。既然是标准件，首先应可靠。

　　上表介绍了 JIS 标准中螺钉旋具的规格以供参考。

▲左：普通型，右：贯穿型

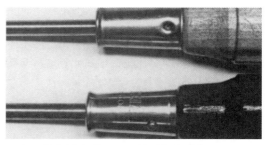

▲上：铆金属套箍，下：销子通入旋杆

此部分将旋杆与旋柄结合

将其烧热压入，周围木质被烧焦

一字槽螺钉旋具的使用方法

螺钉旋具的使用方法没有什么特别之处。把螺钉旋具的工作部分嵌入小螺钉、自攻螺钉、大螺钉头部的槽里，顺时针或逆时针旋转，进行螺钉类的安装紧固或拆卸。

根据头部形状不同，小螺钉有 8 种，木螺钉有 3 种，自攻螺钉有 3 种。其头部槽长的范围是 2~19mm，槽宽的范围是 0.32~1.6mm，深度规定在 0.3~3.3mm 之内。

螺钉旋具工作部分和槽的尺寸差最好尽量小，不可太大。大螺钉旋具当然不可能用于小槽，但对于大槽也不应使用小螺钉旋具。

若小螺钉旋具用于大槽，则棱角、扭矩不足使其容易与槽脱离，影响使用效果，不但会损坏螺钉旋具，也会损坏螺钉。

照片中的螺钉旋具规格是 5.5×75、7×125，用于头部为 M6 的小螺钉。这种小螺钉头部直径是 $9_{-0.6}^{0}$，槽宽 $1.2_{-0.2}^{0}$，槽深 1.8 ± 0.3。螺钉旋具工作端部的厚度为 0.7、0.9 ± 0.1。

此时使用小螺钉旋具，用同样的力转动，作用于小螺钉旋具工作部分两边的力偶的扭矩也只起很小的作用。工作端部的厚度小于槽宽，从侧向看空隙、倾斜范围加大。最好没有这样的空隙。这种关系如果存在于大的螺钉旋具和螺钉中，因其有某种程度的尺寸和强度而问题不大，但存在于更小的自攻螺钉、木螺钉，即使在大小比率上有效但仍伴有危险。如果尺寸精度不高、材质不好，则木螺钉的头会损坏。

▲贯穿型用锤子敲也不要紧

不可思议的是，小螺钉有比 M2 还小的规格，但没有与其对应的螺钉旋具规格，即使是规格为 4.5×50 的螺钉旋具也不能与其相配合使用。实际上规格以外的小螺钉旋具市场有售，相反非常小的螺钉虽有规格却几乎不生产。

还有一个使用方法上的重要问题，即要使螺钉的轴中心和螺钉旋具的轴中心一致，二者如不一致会怎样可想而知。

实际的问题是紧固小螺钉时，在还没加力之前应该以一只手支撑螺钉旋具，手指夹着旋杆较细的地方旋转。因为直径小，手指稍稍活动螺钉旋具就转几圈。最后的紧固必须把握住旋柄使劲用力。

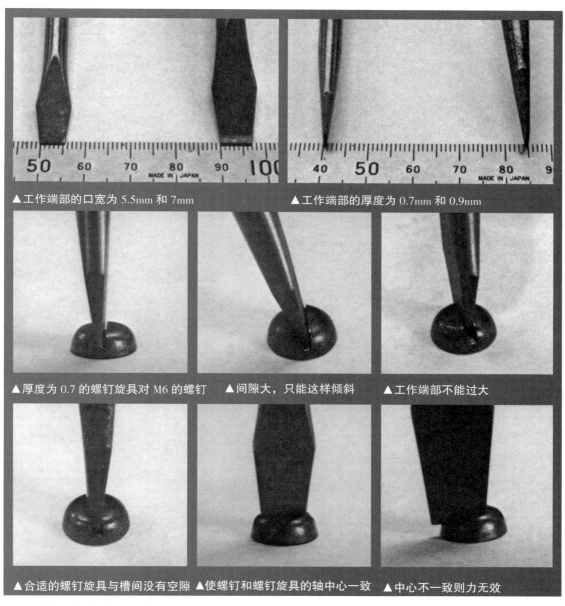

▲工作端部的口宽为 5.5mm 和 7mm

▲工作端部的厚度为 0.7mm 和 0.9mm

▲厚度为 0.7 的螺钉旋具对 M6 的螺钉

▲间隙大，只能这样倾斜

▲工作端部不能过大

▲合适的螺钉旋具与槽间没有空隙

▲使螺钉和螺钉旋具的轴中心一致

▲中心不一致则力无效

　　贯穿型螺钉旋具因旋杆从工作部分开始 5mm 以内有 H_RC50 的硬度，即使用锤敲击头（或尾），只要不过度敲击就没关系。

十字槽螺钉旋具的规格与结构

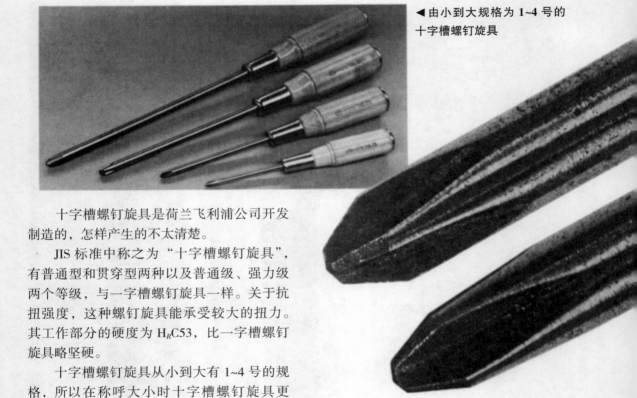

◀由小到大规格为 1~4 号的
十字槽螺钉旋具

十字槽螺钉旋具是荷兰飞利浦公司开发制造的，怎样产生的不太清楚。

JIS 标准中称之为"十字槽螺钉旋具"，有普通型和贯穿型两种以及普通级、强力级两个等级，与一字槽螺钉旋具一样。关于抗扭强度，这种螺钉旋具能承受较大的扭力。其工作部分的硬度为 H_RC53，比一字槽螺钉旋具略坚硬。

十字槽螺钉旋具从小到大有 1~4 号的规格，所以在称呼大小时十字槽螺钉旋具更方便。

十字槽螺钉旋具的工作部分做成复杂的形状。JIS 标准中分别规定着如图所示的各部分尺寸，这些与我们无关，重要的是使用市场销售的 JIS 标准件。

用动力（电动、气动）驱动的螺钉旋具没有旋柄，其抗扭强度比强力级的增强 20% 左右。

这种十字槽螺钉旋具的优点是，不需要像一字槽螺钉旋具那样使螺钉和螺钉旋具双方的旋转中心相一致。其实不是不需要，而是这样的设计必然使旋转中心自动一致起来。当然，螺钉头部也制成十字槽，把螺钉旋具插进十字槽即可，不必再费心力。

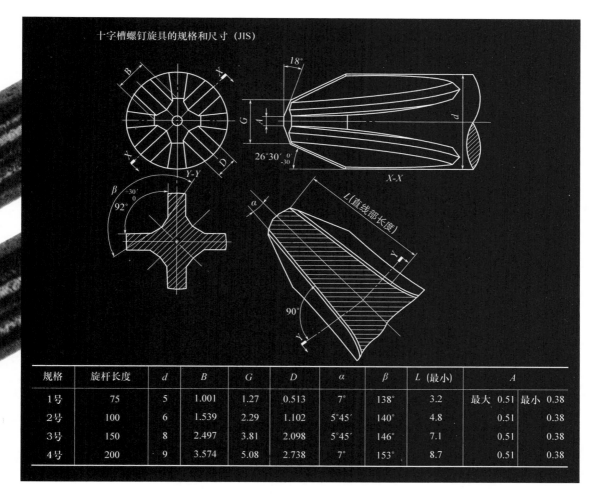

十字槽螺钉旋具的规格和尺寸 (JIS)

规格	旋杆长度	d	B	G	D	α	β	L (最小)	A	
1号	75	5	1.001	1.27	0.513	7°	138°	3.2	最大 0.51	最小 0.38
2号	100	6	1.539	2.29	1.102	5°45′	140°	4.8	0.51	0.38
3号	150	8	2.497	3.81	2.098	5°45′	146°	7.1	0.51	0.38
4号	200	9	3.574	5.08	2.738	7°	153°	8.7	0.51	0.38

这一点在用动力驱动的场合，工作起来是很大的优点。用手转动时，螺钉和螺钉旋具的中心即使多少有些偏离，也会由于人的手腕能有效吸收该偏心而不致酿成严重故障。

动力驱动不能那样，因是高速旋转，稍有偏心就会很危险，所以旋转中心自动地相一致确实是自动驱动的优点。

在电气机械、汽车等批量产品组装时单一功能的工作多的领域，几乎都是用动力驱动紧固带十字槽的小螺钉。毫无疑问，这种情况之所以可能，是以用冷锻能急速、大量、准确地在小螺钉中心加工十字槽制造技术的进步为前提的。

十字槽螺钉旋具的使用方法

这样方便而单纯的工具还有使用方法的问题吗?!

其实,它与十字槽的关系也还有可能导致不正确的使用方法。毫无疑问要使十字槽的规格与螺钉旋具的规格相一致。虽然其规格只有 4 种,应该没有问题,但事实却并非如此。

一个问题是从"小兼大"而来的。在 2 号槽上除 2 号螺钉旋具外,1 号螺钉旋具也可插入。于是小螺钉旋具就会使十字槽损伤。人们是无意间使用了小螺钉旋具或者知道二者规格不合仍去使用的。

螺钉旋具规格小,大致上也能工作到某种程度。但过小就与十字槽之间有了空隙,最后使劲紧固螺钉或松动防松的小螺钉时,因小螺钉旋具和十字槽的空隙,使得螺钉十字槽中的棱角处变形,这是由螺钉旋具比螺钉头坚硬所致。

防松螺钉的十字槽一经损伤,该十字槽

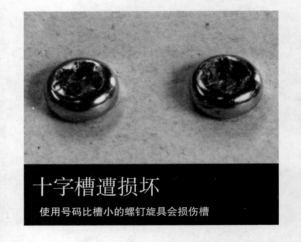

十字槽遭损坏

使用号码比槽小的螺钉旋具会损伤槽

螺钉就不能再用了,螺钉旋具容易与槽脱离。在拆卸电机等机械的自攻螺钉时,涂抹防松涂料,无疑就是防止上述情况发生。

▲1 号对 2 号槽有空隙　　▲2 号对 1 号槽进不去　　▲1 号、2 号分别对应,使用严实

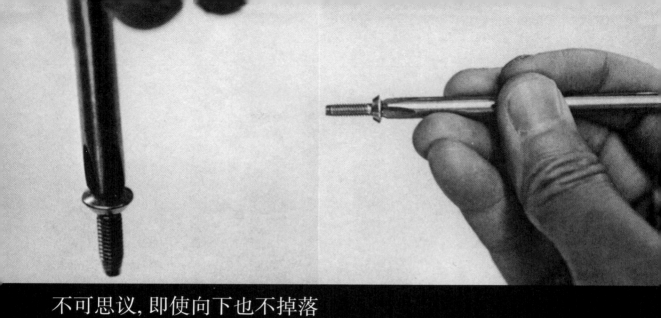

不可思议，即使向下也不掉落

JIS 标准相同的十字槽螺钉旋具和十字槽紧密契合，这样向下也不掉落

　　总之，应先把大十字槽螺钉旋具插进去看看，如果螺钉旋具比槽大进不去，便调换小的螺钉旋具使用。

　　这样做也许会认为"那很麻烦"，但总比损伤螺钉十字槽而不能再用好。螺钉旋具虽有 4 种规格，但所对应的螺钉十字槽只有 1~3 号规格。尽管有 1 号槽螺钉规格，实际上那么细的螺钉用得很少。

　　十字槽螺钉旋具还有一个方便之处，即把它紧密挤进十字槽里，像照片那样即使悬空向下螺钉也不会掉落。当然，这是以双方都是标准件、无变形和磨损为前提。

　　就是说紧固螺钉时，可以把螺钉旋具的工作端部嵌入螺钉并向下输送，把螺钉放置到目的处。

　　螺钉旋具即使有某种程度的磨损也能进行横向活动。这种情况倘若是一字槽螺钉旋具和螺钉的关系，则根本无从考虑了。

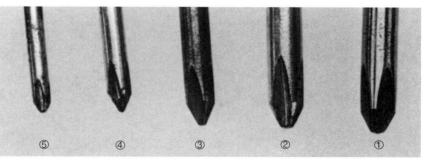

▲①③是 2 号、1 号的 JIS 标准件，②④⑤是标准外的，④⑤是无事故损伤的十字槽

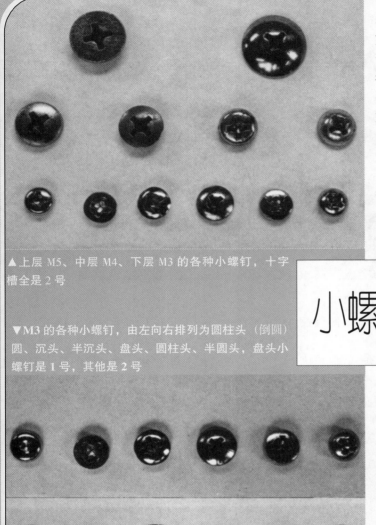

在十字槽螺钉旋具的使用方法中已稍有说明，小螺钉的十字槽和螺钉旋具的关系要遵循小螺钉的规格。

带十字槽的小螺钉由 JIS B 1111 规定。头部形状与此相同的自攻螺钉（JIS B 1115），十字槽也相同。

请看 M3 的 6 种小螺钉的头部形状。头部形状不同，其十字槽的大小差别很大。其中只有盘头小螺钉是 1 号十字槽，其他

▲上层 M5、中层 M4、下层 M3 的各种小螺钉，十字槽全是 2 号

▼M3 的各种小螺钉，由左向右排列为圆柱头（倒圆）圆、沉头、半沉头、盘头、圆柱头、半圆头，盘头小螺钉是 1 号，其他是 2 号

小螺钉与十字槽

M3 以上小螺钉的十字槽都是 2 号的。

同样 2 号的十字槽大小也有差别，主要是由于头部上侧面的状态差及由此而来十字槽深度上的差异。

上侧缩小成球形，槽看起来深而小，"圆盘"变大。

M3~5 的小螺钉是 2 号，比它小的是 1 号，大的是 3 号。

同是 2 号十字槽，其尺寸当然是 M4 比 M3 大，M5 比 M4 大。很难设想用相同的螺钉旋具来应对这些大小不同的十字槽。人们总是无意中在小螺钉上使用 1 号螺钉旋具。

与相同的 M3 螺钉相适应的 2 号螺钉旋具，比带开槽的一字槽螺钉旋具长得多。难以设想这样小的螺钉和如此大的（2 号）螺钉旋具相适合。这也是每每不知不觉中使用小螺钉旋具的原因。

在 M3 的螺钉当中只有盘头小螺钉是 1 号的十字槽。1 号十字槽因为深度较大，仅通过观察很难分辨其差别。

螺钉头部十字槽的大小（正确地说应该是深度）用十字槽的直径尺寸表示。十字槽、十字槽螺钉旋具工作部分因是锥形，所以十字槽若比较深则外观尺寸看起来较大。

螺钉的尺寸如果加大，所需扭矩就加大，头部尺寸也加大，所以十字槽被做成大（深）的用来承受大扭矩。

2 号螺钉旋具能有较广的使用范围，也是这种螺钉旋具的优点之一。此外，木螺钉也有 4 号槽。

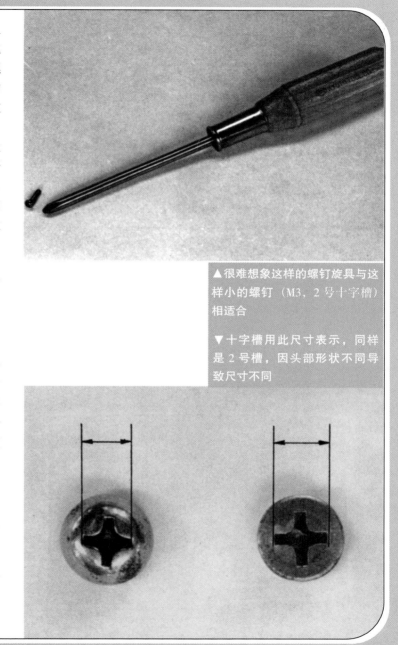

▲很难想象这样的螺钉旋具与这样小的螺钉（M3，2 号十字槽）相适合

▼十字槽用此尺寸表示，同样是 2 号槽，因头部形状不同导致尺寸不同

钟表螺钉旋具

▲这是 5 支 1cm 的钟表螺钉旋具

钟表螺钉旋具是一种俗称，主要指组装、分解钟表中小螺栓的螺钉旋具。自钟表出现之后，使用小螺栓逐渐发展起来。它在英语里是 jewelers' screw driver。

所说 jeweler 指与珠宝商有关。其由来在于钟表是贵重物品，因其工作精细所以多由珠宝商承办。

钟表螺钉旋具的使用方法是，用食指按住螺钉旋具头部，让螺钉旋具在螺钉槽里站稳，用拇指和中指、无名指夹住转动，其头部不转。

钟表螺钉旋具头部、主体部的自由转动与其他螺钉旋具不同。不言而喻，因其是小物品专用，故而体积都不大。

大致是数支为一套，最小的工作端部的口宽仅有 1mm 左右。

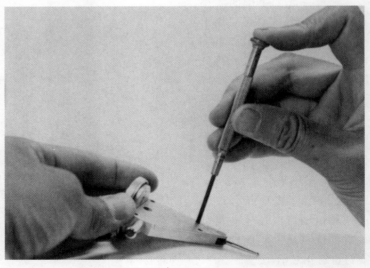

▲头部和主体自由旋转　　　　▲用食指按住头部，拇指和中指转动

验电器

验电器适于验电作业，在安装、拆卸电气零件时使用。这种工具内部装有验电结构。

绝缘验电器的旋柄是塑料的，且使用半透明的塑料，内部有氖光管、电阻与工具旋杆相连接。

使用时像本页照片那样，用手触及旋柄后端的金属挂钩，使工具的工作端部接触验电部位。

在找交流电无接地侧

▲验电器（低压用），旋柄中央部是氖光管

（电工称火线），或检验某处是否带电时可以使用验电器。使用时将工具工作端部接触验电部位，若通电则旋柄内部的氖光管亮。

验电器有用于检验300V左右的低压型和达到15000V左右的高压型。

大家都知道，用验电器验电时，手不能直接接触旋杆部分。

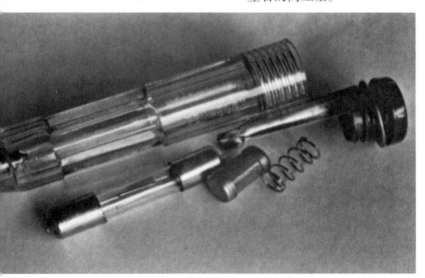

▲旋柄内部自左向右是氖光管、电阻、弹簧、盖帽

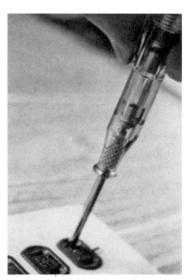

▲通电后氖光管亮

螺母旋具

此前所述的螺钉旋具都是用于转动螺钉、螺栓的，而螺母旋具是用来转动螺母的，也叫螺母旋转器。

螺母有四角、六角和平面的，可以用扳手将其转动，这样扭矩大能充分紧固。

但对于规格很小的螺母，其紧固扭矩不那么大，如本页照片所示，可以用螺钉旋具式的工具将其紧固。

这种工具可以认为是将套筒扳手旋具化。

市场上销售的螺母旋具规格，一般是适合螺栓规格（对边距）为 M2.5、M3、M4 的六角螺母。照片上的是 M2.5、M3 的螺母旋具和 M3 的螺母。

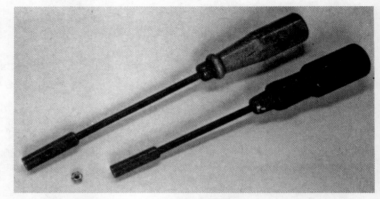

▲规格为 3 的螺母和 M3、M2.5 的螺母旋具

小螺钉一般多使用在狭窄的地方，特别是螺母在内侧的场合不能使用扳手。这时可以用钳子、扁嘴钳把螺母夹住转动，如有螺母旋具就非常方便了。

▶M3 的螺母旋具

116

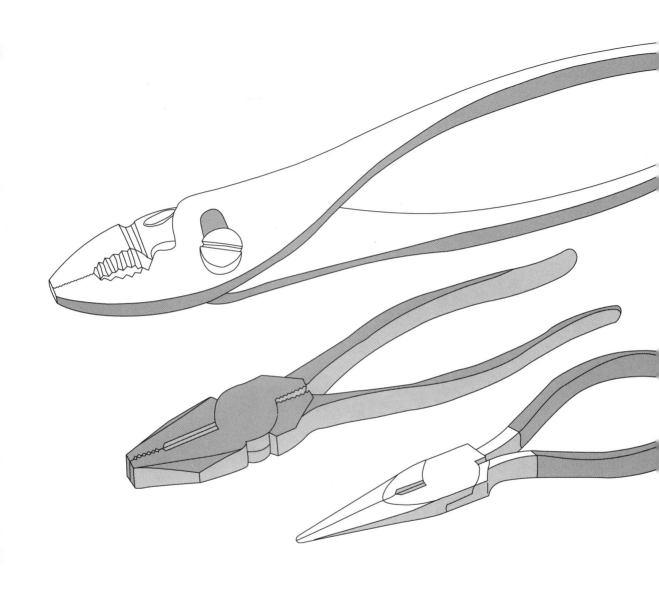

钳子类

夹扭钳（包括钢丝钳）

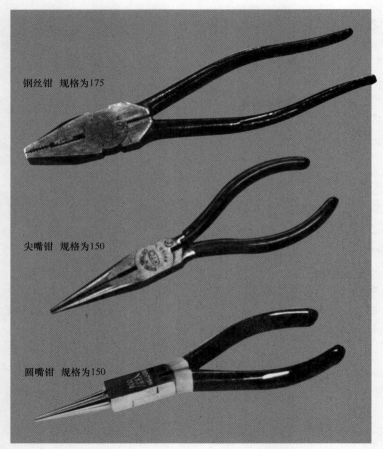

钢丝钳 规格为175

尖嘴钳 规格为150

圆嘴钳 规格为150

ペンチ（钳子）这个名字用片假名书写，常被认为是外来语，其实它是日语词汇。也不知它是在日本所造的外来语还是从外来语衍生出的日语，总之语源不详。一般认为可能是 pinch cutter（ピンチカッタ）的ピンチ（挟）成了ペンチ（钳子）的吧。ペンチ乃瞬间起作用的工具，是工匠的俗称，词典里自然是没有的，是日语キリコ（切屑）那样的词语。

改版后的书上为 side cutting pliers，而在 JIS 标准中为 cutting pliers。

钳子分为两片组合、三片组合两种，根据质量不同还有强力级和普通级之分。规定强力级用 H 表示，普通级用 N 表示，实际上几乎没有这样执行。

对于制造商来说取得 JIS 标准许可，生产 H 型和生产 N 型都一样，所以 JIS 标准许可的工厂只生产 H 级产品。达不到 JIS 标准的低级品连用普通级 N 表示也不可以。关于这一点，剪切钳也如此。

其规格有用全长 150、175、200 表示的 3 种。后来用 1in 换算 25mm 可以得到整数倍，即 6、7、8。实际尺寸比此尺寸大 10mm，其容许差也有 ±4mm，所以市场上销售的钳子令人感到似乎尺寸没有被限制。这其中使用得最多的是 175（7）规格的。

此外还有尖嘴钳、圆嘴钳。

尖嘴钳（注：日语称无线电钳）的夹衔部细而长，便于在无线电配线作业的狭小范围工作。它在英语中的名称是 needle nose plier。needle 是"针"的意思，nose 是"鼻"的意思，从语意就可以明白了。

圆嘴钳没有刃，用于细线材的弯曲加工。JIS 标准中的名称为 round nose pliers。

▲钢丝钳，钳口闭合后多有 0.5mm 左右的合缝

▲尖嘴钳的钳口紧紧夹在一起

▲圆嘴钳的钳口没有刃

钢丝钳是根据制造商的不同想法制造的，这就很成问题。当钳口关闭时，有的钳口（尖端）紧靠在一起，有的存在 0.5mm 左右的合缝。

钳口尖端不紧靠在一起就不能切断细线。

钳口尖端稍微开一点，商家的想法是："0.5mm 细线的精细加工无需钳子。如果刃磨损了钳口合不紧不是也就不能断线了嘛！"

但无线电钳使钳口合紧，即使刃磨损了，因为钳口细长，加强握力也能扭弯，因此不影响使用。

▲两片相合的钢丝钳

用钢丝钳截断线材

钢丝钳的用途首先应是切断线材。切断时没有特殊方法，只在刃部夹住线材用力握就行了。

如果是稍粗的铜线，切断时需用相当大的力，这时要注意把线材尽可能放到钳口根部，靠近结合轴里边。道理很简单，要考虑杠杆的力点、支点、作用点。切断部是作用点，该作用点与支点的距离越短，由于力与其长度成反比，加于切断部的力就越大。

可以说握的位置也一样，应尽量握在靠柄头的地方，这样用同样的握力加于刃部的力就较大。JIS 标准中在两只手柄相距最宽的地方做了加力试验，并与柄部弯曲试验很好地结合，结果发现人的握力并不会导致其变形。有 JIS 标示的产品无疑都是坚实的。

其次是在切断铁线的场合，通常用刃部的硬度为 $H_RC54\sim62$ 的钢丝钳，尽管硬度不

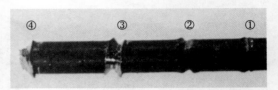

▲①是用两手握紧的痕迹；②是左右拧的痕迹；③是使之半旋转后的痕迹；④是往复半圈旋转切断

会造成问题，但因铁比铜硬，人的握力对粗铁线略显不足。

于是常常这样做，即夹住铁线，将钳子左右拧，其实这是浪费力气。省力的办法是使钳子在线材周围旋转。转半圈即 180° 后，刃有力吃进；如不足，再转半圈返到原处。这样某种角度的刃向斜方向前进，刃尖角度看上去很快成了锐角。如果还不行，就让钳子在线材周围转动。

请看照片，吃进深度全然不同。

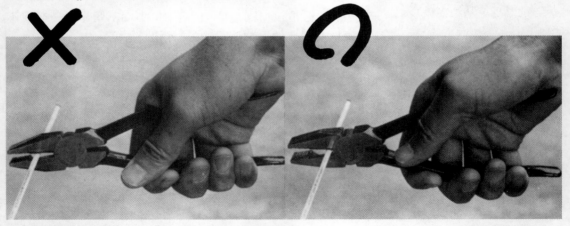

▲用钳断线时尽可能在刃的里边切断，在前端效率不高

120

用钳子左右拧断线材时，加在刃部的力处于最弱的方向；而使钳子在线材周围旋转时，力加于刃部的轴向和下侧方向，即最强的方向，所以这样做较为合理。

用钳子切断粗铁线时，应该用钳子将其夹住，一只手握住线材，在给钳子加力的同时，使钳子向着线材的轴向转，然后再让其转向相反方向一下子把线材扭断。这一做法用文字表述麻烦，实际操作就会明白了。就是说一面靠钳子剪切一面有一半左右是一口气将其折断。

问题出在切断钢琴弦上，到底能否用钳子将其切断？线材没有硬度规定，如参考碳钢的硬度和抗拉强度的近似值，则近似值的可靠抗拉强度上限是 212kgf/m^2 为 H_RC55。这对于刃是能够胜任的，且刃的基部是瘦的，应该能将钢琴弦切断。

▲刃部没有缺口，是凹进去的。要切断钢琴弦等，由强度的差别而如此设计

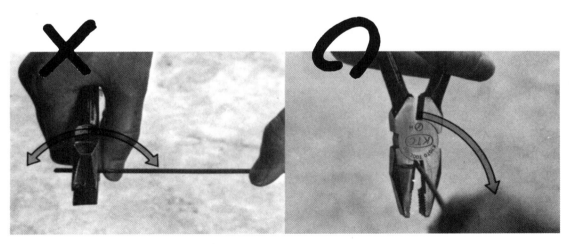

▲左右转动浪费力气，最好以铁丝的轴心为中心旋转

用夹扭钳（包括钢丝钳）扭弯线材

扭弯线材时，软材质的细线没有特殊问题，如何使用，效率如何，种种情况对钳子都不构成问题。

稍粗一点的线材就有些问题了，或者容易出现想象不到的情况。现在来考虑一下这方面的问题。

通常在钳子的衔夹部位将线材横向放置（相对于钳子的轴向），握住钳子左、右（或内向、外向）拧进行弯曲。但这样做不很有效。

试试下面这种衔夹方式怎么样，即把要弯曲的线材夹在钳的轴向，也就是在衔夹部的尖端纵向衔夹。这种衔夹方式在握钳时线材另一侧伸向远处，所以乍一看会觉得难握，但在弯曲时却能够用得上力。

不能认为加于线的衔夹力，采用何种衔夹方法都一样。严格地说是有差别的。衔夹的力、握的力不足时，好比钳子张开往哪方面都不能有效弯曲。

横向衔夹线材时，弯曲力的力矩是"把手最大间距的一半×手腕拧力"。

纵向衔夹线材时，弯曲力的力矩是"从钳子尖端到手握地方的长度×弯曲力"。

比较力矩大小时，首先应看力臂的长度。不用说，纵向衔夹时力臂较长。

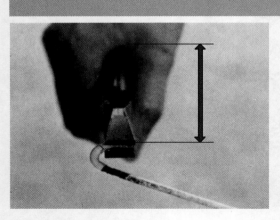

▲在横向衔夹时力矩如此

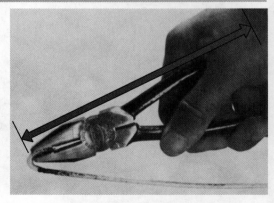

▲在纵向衔夹时只需要这样的力矩

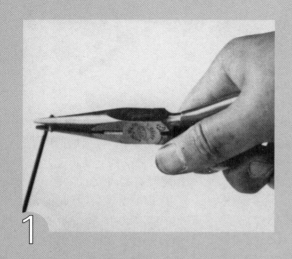

横向衔夹弯曲时，请注意钳口的相合方式。这里以无线电钳的尖嘴为例看看不同的弯曲方式。像图 1 那样做，钳口的相合部在被夹紧轴上相互撬动而错开。

所以像图 2 那样向相反方向弯曲，被弯曲侧向下侧弯曲。这样，钳口相合部相互挤压，夹紧轴不受损。无 JIS 标示的钳子，很有可能出现这种问题，要注意。

力的大小如何？弯曲的力比手腕的拧力大，这是常识。特别是产生弯曲力的不仅是手腕，因为从肘、臂、肩直到上半身的力都被加进去。

而且纵向衔夹时，如果把握的位置向后挪一挪，衔夹力、弯曲的力矩各方面都能加大。相反横向衔夹时，衔夹的力不能加大，而力矩也不会缩小。

在线材纵向衔夹部分长的场合，最好将钳子稍稍倾斜，将其从内孔向后方伸出。

▲弯曲部软而长时可用钳子这样处理

手　钳

プライヤpliers（手钳）与钢丝钳一道是尽人皆知皆见的工具。er 加于 ply 而为 plier。在美语中全加复数 s 成为 pliers。ply 作为动词是"不停使用工具"的意思，作为名词是"层、片"的意思，与プライヤ（手钳）根本没有联系，可是却把两个"零件"（两个词）叠合在一起了。

在美语中プライヤ所涉范围很广，钢丝钳、无线电钳、剪切钳全是 pliers。一般所说的プライヤ是 slip joint combination pliers。在 JIS 标准中又增加了 with cutters。

手钳谁都知道、见过。若开口为 90°，结合部后退移动时开口增大，即为所说的 slip joint combination。

相结合的部分用夹紧螺母或轴侧的螺钉使其结合。由于是轻度夹紧，如果操纵卡紧部，多半会松动。

像图①那样取下螺母，将两部分重叠的地方错开，就可看出轴孔和断面的形状，如图②所示。像图③那样把口张开到 90°，轴、螺母细的方向和滑动的方向一致，螺栓通过孔的狭窄处（见图④）向相邻的轴孔滑动（见图⑤）。如把钳口闭合则轴像图⑥那样转动，结果如图⑦所示。图⑧是分解的情况。

请仔细看两部分的轴孔和轴的形状。主体是两侧共同经锻造成形为同一形状的，分别冲出不同的孔。根据加工尺寸公差和使用上的容易程度，孔和轴之间有相当大的间隙。

使用时如果用力握把手部位，其力在图②所示的两个地方集中，孔、轴无论怎样都容易磨损、变形。于是双方结合部分"喀哒喀哒"作响而影响使用。

❶

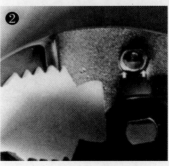

❷

▲规格为 **200** 的手钳

材料使用 SCr4（铬钢钢材第 4 种）。由于硬度是 $H_RC43 \sim 55$，而轴的硬度是 $H_RC35 \sim 44$，有所差别，如前所述轴会发生变形。

这是硬度低的零件由结合部与轴共同作用所致。于是出现了这样的结构：把轴和轴孔部分整个锻造成一体而使结合零件不受力。这种结构即使没有止动螺钉也能夹住物件。

▼把轴和轴孔整体锻造成形

手钳有 150、200 两种规格，即全长为 6in、8in 的规格。以长度为首包括其他尺寸也都极为粗略。

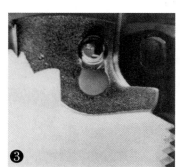
❸

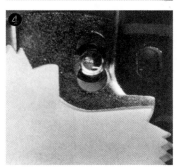
❹

❺

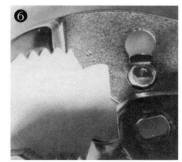
❻

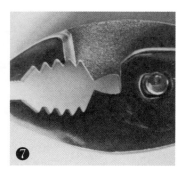
❼

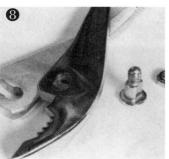
❽

手钳的种类

手钳源于 pliers，其词义姑且不论，现在列出在日本常见的手钳种类。

比普通鲤鱼钳的钳口薄的是シンノーブプラィヤ即扁嘴鲤鱼钳。シン为 thin 是薄的意思，ノーブ为 nose 意为鼻子。它在狭窄场所使用时可将前端卡紧部伸进去。

把扁嘴鲤鱼钳的卡紧部弯曲 30° 即为歪嘴鲤鱼钳。

尖嘴手钳的尖端部分细而长，可以认为是以前日本锻铁用的夹钳的西洋版。

水泵钳有 JIS 标准，在配管工程上使用很方便。其开口的改变范围很广。水泵钳工作部分的硬度和鲤鱼钳一样，名字是由用于紧固泵的压紧螺母而来。

此外还有铁钳。

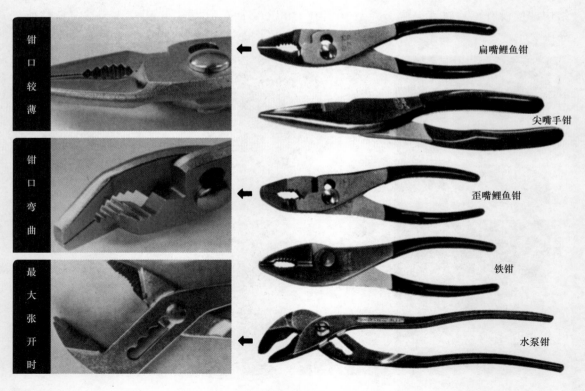

钳口较薄

钳口弯曲

最大张开时

扁嘴鲤鱼钳

尖嘴手钳

歪嘴鲤鱼钳

铁钳

水泵钳

手钳的使用方法

手钳的产生、名称等之所以不太明确，一般认为因为它是现场工匠发明的。也正因如此而被看作是非常方便又能在各方面使用的工具，没有规定必须的使用方法。

首先，手钳可用于衔夹物品。因为是小型工具，若钳口尖端部稍大一些就可加大开口，或者将钳口相咬合的部位处理成锯齿状以便于衔夹。

在有些情况下，手钳经常代替扳手使用，但这并非是好方法。

在 JIS 标准中，规定其可切断 3mm、4mm 的线材，实际上仅仅是说"能切断"。由于其上下咬合的部位有缝隙，所以不能有效切断细线和软的线材等。又因为刃部的硬度较低，最好不要过多地将其用于切断线材。

弯曲线材时，它可与夹扭钳一样使用。不过毕竟钳口或整体不如夹扭钳那样坚固，所以恐怕也只能是"可能"与夹扭钳一样。

总之它是"在哪里都能用"的工具，关于力的方面也可以说完全和夹扭钳一样。

▲在开口较小时衔夹，两钳口不平行

▲如把开口加大则两钳口近乎平行

▲这样虽能夹紧但损伤物品

▲便于弯曲线材

▲能切断这种程度的钉子，但限于新的时候。

剪切钳

▲左边是用夹扭钳切断的切口，右边是用剪切钳切断的切口

ニッパnippers（剪切钳）是"剪切的工具"，加 S 记号。JIS 标准为 cutting nippers。美语称 diagonals 或 diagonal cutting pliers。diagonal 是名词、形容词，意为"对角线、斜形"。它是斜刃的手钳。

剪切钳俗称"斜刃剪切钳"，它和强力剪切钳都有 JIS 规格的标准件。剪切钳用于切断铜线，强力剪切钳除可以切断铜线外还可以切断铁线。刃上带切槽的剪切钳可剥掉铜线的绝缘层。有的剪切钳的把手上也带绝缘层。

与夹扭钳一样，剪切钳也有强力级、普通级两个等级，有两片相合和三片相合两种类型。普通剪切钳的

规格有 125、150、175 三种规格。

剪切钳是专门用于切断的工具。其斜刃角度使其拿在手里剪切线材时很合适。正因如此，一般不作剪切线材以外使用。

切断同样的线材时，使用夹扭钳和剪切钳效果会略有不同。剪切钳的切断方式是"剪断"。用夹扭钳刃切断的断面形状是对称形；与之相对，剪切钳刃切断面的外

▲刃上的切槽用于剥电线的绝缘层

侧是平的，只向内侧略带角度。将剪切钳的刃精确地加于一平面就能够里外相一致地剪切，使得切断后的切口也是平的。

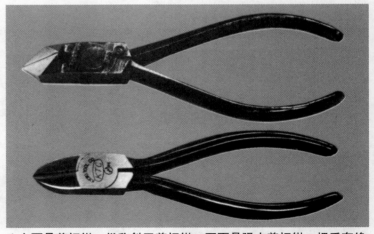

▲上面是剪切钳，俗称斜刃剪切钳；下面是强力剪切钳，把手有绝缘层

与夹扭钳、手钳相比，可以说剪切钳切断后切口的形状最平整。剪切钳刃部的硬度是 $H_RC50 \sim 58$，强力剪切钳刃部的硬度是 $H_RC54 \sim 62$，所以都不能剪切钢琴弦。钢琴弦有其专用的剪切钳。

剪切钳是剪断的专用工具，有特殊的使用方法。与手钳、夹扭钳相比，其刃尖锐，所以不可强制硬撬，否则会损坏刃部。

其次，对于剪切线材时剪断侧短的场合，被剪下的小段会因力道猛而飞进，因

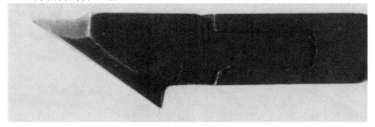

而必须把剪断侧向下进行剪切，不能让其飞入眼睛。

剪切钳在机械厂的用途不是很多，通常在精加工、组装等方面的附属作业中使用。

在车床作业中钢材的切屑长而连续出来时，用剪切钳把切屑中途剪断会非常方

便。特别是对于不锈钢那样难折断的切屑，它是很理想的工具。

剪切钳与夹扭钳、手钳相比整体细、软。当轻轻闭合时，仅是刃的尖端接触，刃根处略有间隙；用力握紧时，刃部才会严密接触。

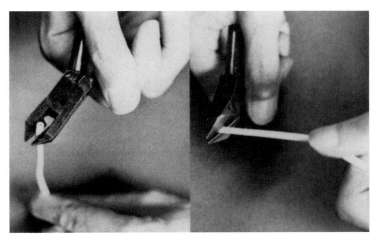

▲以左边姿势剪切时，剪下的小段会因力道过猛而产生进出伤人的危险。应像右边那样让其向下飞进

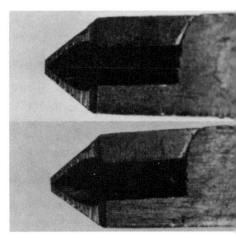

▲轻轻闭合时根部稍开，最好用力握紧使刃部严密接触

螺栓剪切钳

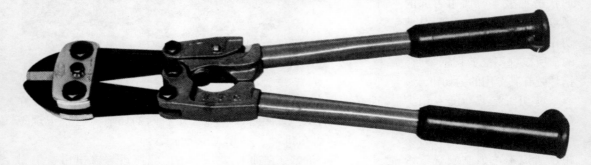

ボルトクリッパ（螺栓剪切钳）のクリッパclipper是在"剪切"这一动词上加 er。英语 clippers 是加了复数的 s。

螺栓剪切钳的实际用途主要是剪切线材。JIS 标准中规定规格有 1050（42in）的，切断直径达 18mm，理论上讲它甚至连螺栓也能切断。

关于使用方法没什么可以说的，把要切断的线材夹在刃之间，用双手紧闭手柄就行。总之，仅用人力就能切断粗线材和棒材着实令人惊叹。

螺栓剪切钳的有趣之处在于它的结构和力学原理。

首先是结构。其结构并无特别之处，不同制造商有不同结构，但在原理上相同。杠杆分成两段，把刃部的刃断点作为作用点，以与作用点到支点距离几倍地方的力点作为下一段杠杆的作用点，把该作用点和支点距离 10 倍左右长度的手柄部位作为力点。

照片中螺栓剪切钳的规格为 300。手柄在最大开度时刃开口是 7mm，手柄开口为 470mm。进行切断时，在刃闭合的过程中（实际上相合 0.5mm），因手柄开口是 50mm，故而手柄的移动量是 420mm。加给手柄的力，仅仅是双方尺寸的比被扩大。

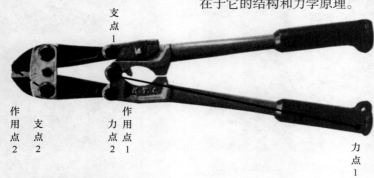

支点
1

作用点 支点　　作用点
2　　2　　力点 1
　　　　　2

力点
1

▲ 将杠杆的作用分成两段

▼如果松动取下安装螺栓，仅刃部与手柄简单分离，可以互换使用

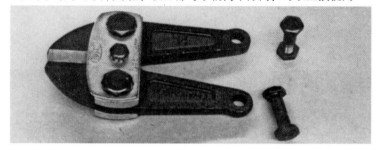

即使不构成这么复杂的结构，而采用夹扭钳那样的结构，扩大力的尺寸比应有相同的切断能力。可是如果那样做，该工具的尺寸就会变得很大。杠杆被做成两段，因而与双臂可用范围的大小相一致。

手柄是弯曲且为一体的，而杠杆的力学结构与实物形状无关，与从支点笔直延长相同。刃张开时，为了留设刃部杠杆力点移动的余地，而做成这种形状、位置，并因此能将全长缩短。

刃闭合切断时，如果固定柄部的支点，则柄部杠杆

的作用点即为刃部的力点导致刃部后退。就是说，刃部一边后退一边闭合，和刀具切断一样。所以被切断的线材如果不随刃一起活动，则刃的角度会对被切材料造成锐角。这一点是其他切断工具所没有的特有结构。

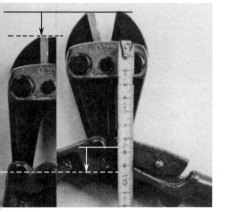

▲刃闭合时约后退 16mm

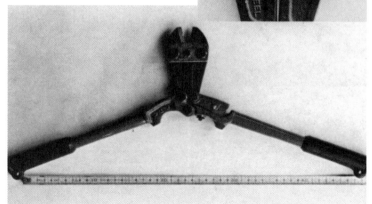

▲充分张开时的刃部（上）和手柄（下）

在钳子中，类似于英语所说的"手钳"的还有许多种。

其他类似于钳子的工具

很早以前就有这种工具，它是把剪切钳的刃从倾斜改为急转角度甚至达到垂直。制造厂家称其为末端剪切钳，是剪切钳的变形。

金属剪子到处都有，有剪切板材的，有刃笔直的"直刃"剪和刃弯曲的"柳刃"剪。

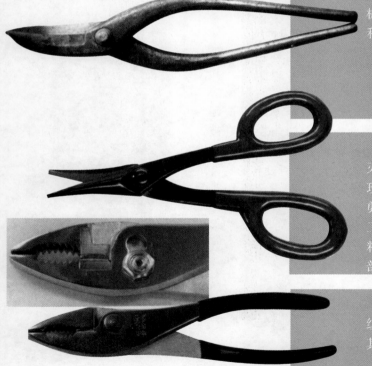

这是剪子的一种，从把手和刃的长度比来考虑，了解后会发现它非常容易剪切，用于比金属剪子的剪切对象更小的板材精加工。这种剪子由高质量材质的材料制造，也进行热处理，其结合部很精密。

它是钳的刃与手钳的结合部组合在一起的工具，制造厂家称其为夹扭手钳。

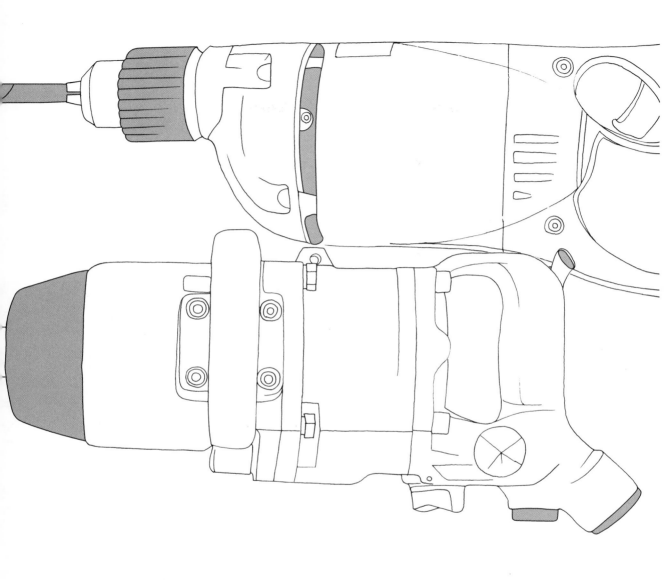

携帯用动力工具

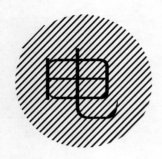

使用电动工具，最好要懂得相关的电工基础知识。

电作为携带用动力工具的动力，有200V、100V两种（我国使用的动力工具额定电压通常为220V）。200V和普通机床用的电源一样有三相交流和单相交流。100V俗称"电灯线"，是单相交流。

较深的电工原理这里不去论述。可以认为，三相是电在三根线上流动，单相是电在两根线上流动。当然，插头有两脚、三脚之别，插座的孔也有两个和三个之分。经常使用的是单向100V电灯线。

尽管是电灯线也绝不可轻视，是电这一点并无改变。有关使用电的一般性注意事项相同，是人人必备的知识。

在插座上插、拔插头时必须拿着插头部分，绝不允许拉软线拔插头。软线的连接是为了通电，不能承受拉力。若软线与插头的连接处受力，通电连接部位就会松动，造成不良通电或者不通电。不仅如此，还会发生飞出电火花、损坏软线和仪表、引起短路等一连串事故。

软线是使用橡胶或树脂材料的绝缘软电缆，对电的绝缘性很好，但力学性能并不

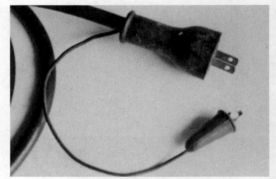

▲从插头出来的是接地线夹

▲拉软线拔插头易使连接处松动产生危险

▲带接地单相用插座（上孔接地用）

134

佳，所以不能用力折弯或拧。因为是携带用工具，常常会变换各种状态、姿势、位置，使软线容易损坏，造成内部电线断线。

另外，注意勿使软线刮到或磨在金属锐角上，若胶皮和树脂断裂、破损，不但使绝缘性能变差，且会造成短路。

插、拔电源开关和插头，要养成使用右手的习惯，这是应对突发触电事故的安全措施（因为心脏在左侧，这个理由清楚吧，如果你的心脏在右侧请用左手）。同时接地线夹必须靠近手边使之接地，这也是安全用电的常识。

两根线的单相软线也有使用三脚插座的，其中一脚用于接地。三脚插头并不只限三相电源使用。对于不带接地的插头，接地线夹从插头引出来，必须把它接到正确的位置上。

应该了解章鱼脚配线是不允许的，如照片所示。电动工具的商标上标有电流量，不了解电流量之和与电线、万能插口等的容许量是很危险的。

▲章鱼脚配线危险

▲摘下电钻套，左侧是电动机的换向器（电刷）部分

▲电刷是这样的结构

电动机采用换向器电动机或异步电动机。其中换向器电动机的换向器是消耗品，要针对磨损情况随时取换。所以其磨损状态要易于检查和取换。其零件在市场上有售。

电钻

从机械的角度来说，"电钻"的叫法有些奇怪。JIS 标准中的术语为"携带用电钻"。本想称其为携带用钻床，但又不是机床的那种"床"，仅仅是在电动机的轴上安装了钻夹头。其实电不过是动力，钻是打孔用的工具，所以这样的叫法完全不合道理，俗称也就成了正式的名称。

不管怎么说，电钻是携带用电动工具中最常见的。钻头的安装完全和 28 页一样。使用方法也极为普通：双脚、全身处于稳定状态，用两臂把钻牢固支撑，将钻的轴线与开孔面垂直，确定了位置，打开扳机式电门，之后是进给。但这还是挺不好应对的。

使用时不能使电钻摇晃，保证轴线与开孔面垂直，应以适当的力送进；而且用电钻

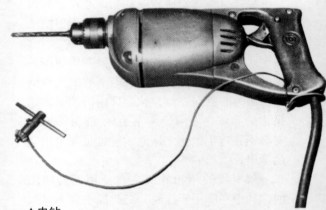

▲电钻

后边的把手数次猛推、退出时，应采取自然的姿势，切勿使钻头折断。特别是 1 ~ 2mm 小直径的钻头常会出现折断的情况。

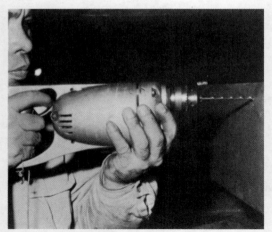

▲上、下方向均成直角

▲左、右方向也成直角

电砂轮机

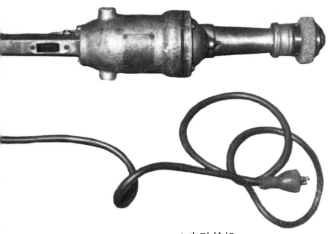

▲电砂轮机

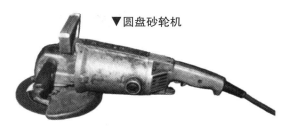

▼圆盘砂轮机

是固定的，所以用齿轮增速。

其在 JIS 标准中的术语是"携带用电砂轮机"。使用相同的砥石，在机械层面是磨床，这个层面却是砂轮机。因为使用砂轮，其转速是电钻的 2~3 倍。由于电动机的转速

此外还有圆盘砂轮机或打磨器，是使用在可弯曲到某种程度的圆盘状材料上加砥粒的砂轮。像照片那样使用圆盘外周的面，增速的同时弯曲成直角。转速提高了一级，是砂轮机的 2 倍左右。

无论哪种砂轮机，首要的使用条件是保持全身稳定状态。特别是高速旋转时，应保持开关的可靠性，关掉开关就停止旋转，这种安全上的基本动作非常重要。

▲电砂轮机的使用方法

▲圆盘砂轮机的使用方法

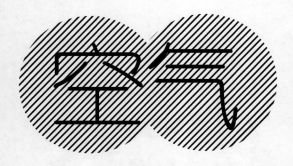

空气

携带用动力工具除用电驱动以外还有以压缩空气为动力的。诚然压缩空气并不存在于自然界，必须以电为动力开动空气压缩机把常压的空气加以压缩。

以压缩空气为动力的工具与一般熟知的电动工具比较有如下特征：

1. 若拥有同样的动力，则重量、容积都较小。例如，气动钻的重量是电钻的一半却能开同样的孔。

2. 没有过载引起的故障。由于承受使用压力，即便过分加力也仅是停止，当减少该负载时则可正常运转。

3. 转速容易调节。在控制盘、控制杆拉开的状态下，使转速无级自由下降，且性能良好。

4. 容易进行高速旋转。气动砂轮机的转速可达20000转。

5. 逆转容易。气动工具的回转器质量小、惯性小，所以在逆转上没有困难。空气通路只由气门改变，在结构上不会出现电开关造成的那些故障。

6. 安全。完全没有触电、火灾事故发生的可能性。

7. 特殊情况下可在水中使用。工具内部是压缩空气，所以水不能进入。

8. 最适合作为冲击工具。

除特殊情况外，气动工具全部设计为以 $6kgf/cm^2$ 的压力正常工作，是常压的6倍。所以在气动工具的入口必须有这种程度的压力。关于这一点有各种误解及误用的情况，现就空气—压缩空气稍作说明。

首先，空气由空气压缩机压缩到某种压力下，并被储存在储气罐中。这最初压缩的压力，小型的压缩机为 $7kgf/cm^2$ 左右。这种装置如照片所示，在储气罐上面放置着空气压缩机和作为动力的电动机，为能简单移动而装有车轮。储气罐中的空气如降到某一压力以下，开关动作，电动机起动，达到规定压力时开关断开。

大工厂等在更大型的空气压缩机上带着数十乃至数百马力的电动机，在全工厂配管。这时进行更高压的工作。

来自储气罐的空气通过配管、软管到达工具。此配管、软管的粗细会产生问题。如果途中不消耗空气，则可以 $6kgf/cm^2$ 的压力正常工作。

▲移动空气压缩机，下面是储气罐，上面右边是电动机，左边是压缩机

▲抽出空气时，配管必须从管的上侧抽，这样的话冷凝水就不会流下来

水和空气一道进入气动工具之中。停止使用后，经过一定时间就形成"锈"，虽然不会立即造成故障，但确实会缩短工具的寿命。通常储气罐装设了排水阀，但配管中的水不能抽出来，应倾斜放置把水导出。要注意使用时配管必须向上放置让水不流向工具方向。

然而气动工具起动后开始消耗空气时，如不能及时补充上该消耗量，工具就不能正常工作。对此，消耗空气后能否补充需要量，在于从储气罐到工具的配管、气门、阀、软管等的状态——大小的问题。

在静止状态下即便有规定程度的压力，当开始消耗空气时，途中某一个地方若有狭窄的情况，空气通过量就会被抑制。如果空气不能供给，空气就会膨胀导致压力下降。

纵然没有狭窄处，但如果全部配管对于空气用量来说较细，也会发生同样情况。空气一度膨胀而压力下降后不能自行压缩提高压力。气动工具的力量弱时要到处检查空气的压力，即使空气压缩机和储气罐原处有规定压力，而在使用状态下气动工具入口地方压力下降也是不行的。

还有一个问题是使用的空气为"洁净空气"。空气压缩机入口的过滤器应把空气中的尘埃清除到某一程度。再有，只要一加热就有热量产生，空气被压缩 6 倍，达到 $100 \sim 120℃$，它们在储气罐或配管内冷却。空气中的水分不以水蒸气的状态存在，而在内部"冷凝"成水，此水称为冷凝水。

▲自制的流水阀，冷凝水积在下面用龙头放出

气动工具的相关装置

压缩空气用管子、软管向工具输送，在到达的途中设有各种相关装置。在处理气动工具时需要注意这类装置。

请看照片，最右边首先装着气门，其作用是开、闭空气的通路，这谁都了解。当配管距离长，有若干个使用场所时，装上气门以便于中间机械的交换，这方面有JIS标准。

然后是"过滤器"兼"排水道"。空气压缩机入口处当然装有用于除尘的过滤器。配管内也会产生尘埃。过滤器除去通过入口而来的空气中的尘埃、垃圾。同时在此处止住空气中的水使其向下积存，每天使用时应打开龙头放水。

其次是"调压阀"，它在尽可能靠近工具的地方为气动工具调整最适宜的压力。说是调整，但不能提高压力，所以也称"减压阀"。调压阀装有压力计，约为6.2kg。

再其次是"加油器"。使用气动工具时，随着空气的流动，会从下面的油罐中吸上来一定量的油，然后一滴一滴送进空气中。这种状态从外部能看到，是气动工具的润滑油。

其左边是"龙头"。管子的分离处装有"阀"，在这里开闭通向一个个气动工具的空气通路。它前面接软管。

软管不能直接接管子和工具，要分别使用软管接头（耦联器）。接在管子上的龙头带着照片中那样的管接头，最好把其另一端接在软管上。

还有，工具侧有内螺纹的孔，装上与其适应的管接头，通常称其为螺纹接头。

龙头　加油器　油罐　调压阀（减压阀）　压力计　过滤器兼排水道　气门

软管和管接头联接时，只把软管插进去，气压消失后把铁丝卷紧，或使用橡胶带将其掐紧。

管子、软管有相应的 JIS 标准。软管是由橡胶制成的，有卷布式、编网式，其耐压力、外强度等都有相应标准规定。软管的规格也用内直径来表示。

▲软管接头插进软管里，用软管橡胶带掐紧

▲管接头与龙头插口联接，安装拆卸很简单

▲一般称其为"螺纹接头"，右侧插进软管，左侧的螺纹（管用锥螺纹）进入工具

▲取下软管时，只把螺纹接头的螺母放松即可，所以比上面的操作轻松

▲这是带自动阀的管接头，左边接龙头上的软管，右边的插头接工具。把插头插进龙头就通空气，一拔下则内部管关闭，空气就停止进入

管侧的联接

工具侧的联接

气动砂轮机·气动钻

采用旋转运动的气动工具有气动砂轮机、气动圆盘砂轮机和气动钻。

以空气为动力产生旋转运动的结构，有活塞式和转子式。活塞式是把活塞往复运动由曲柄改变成旋转运动。现在可以说几乎都是转子式。

要了解转子式的结构，可从轴向看一看气动工具的动力部（电动机）。与气缸相对嵌着转子，该转子的轴为旋转轴，转子外周槽内嵌有叶片，可轻微活动。这个结构与油压泵的叶片泵的方式完全一样，只是输出、输入方向相反。

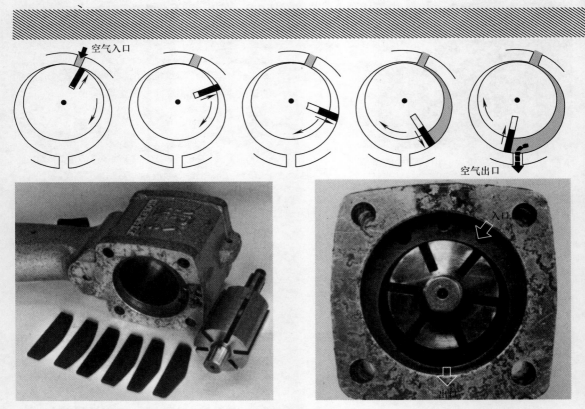

空气入口

空气出口

入口

出料

▲叶片嵌在转子外周的槽里可轻微活动。空气的出入口在照片上看不到，应在箭头的后方。空气流、叶片工作和转子的旋转如图所示

空气从照片上的标记处进入，进入有限空间的空气在那里膨胀，推动叶片转动转子。转子旋转时叶片因离心现象要向外侧飞出接触气缸内壁。继续供给空气，转子继续旋转，膨胀的空气被从下面的孔排出，此时气压处于比常压高的状态。

经过排气口的叶片，随转子旋转受到气缸内壁推挤而被挤进转子槽内，返回最初的位置。

由于空气通路变窄而减压致使转速下降，所以可根据砥石直径、钻头直径的变化缩小空气通路孔而减速。

气动砂轮机是使转子直接连接在砥石轴上旋转的，外观和电动砂轮机一模一样。

气动圆盘砂轮机有转子轴与圆盘轴直接结合的，还有转子轴与圆盘轴由锥齿轮结合的。

气动钻为增加力矩，通过齿轮使转子的旋转减速。

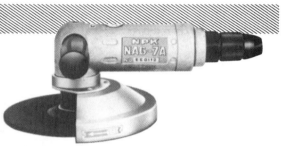

▲气动圆盘砂轮机，使用锥齿轮

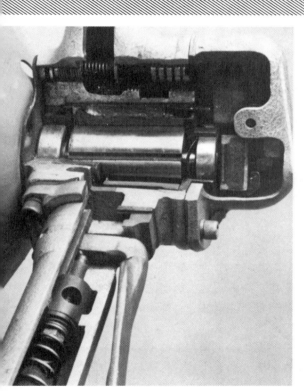

▲气动圆盘砂轮机的内部。最近的是空气入口，中间是转轮，转轮右侧是调速机

▲用 1~4 的旋钮调节空气流量=调节转速，调节中仅改变气孔大小

冲击扳手

▲冲击扳手的内部，右侧是转子部分，左侧是冲击部分

インパクトレンチ（冲击扳手）中的インパクトimpact 意为"冲击"。冲击扳手是把螺栓、螺母进行冲击性紧固、松动的扳手。

它的动力和气动砂轮机一样来自转子的旋转力，所以必须装有转子部分。它前面连着冲击机构，产生冲击性旋转。

请见本页的冲击结构。从分解的照片可以看出是很简单的。嵌在左侧套筒上的传动装置的中心孔和转子的轴由花键轴联结。锤用螺栓安装在套筒上。

由转子产生的旋转传递给传动装置，其装置在套筒内旋转。锤的凸起部分吻合在该传动装置的凹陷部分，锤由螺栓安装在套筒上，如图1所示。

从图1的状态可知，传动装置一旋转，锤和套筒也同样旋转。这时铁砧前端的套筒扳手嵌在螺栓、螺母上抗拒铁砧旋转。传动装置旋转形成扭转锤凸起部分的力，所以锤的前足 A 受到面向圆外方向的力。

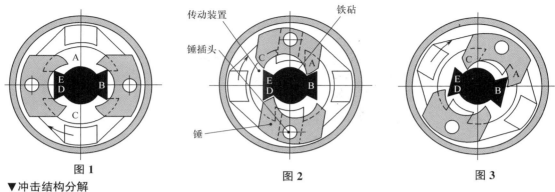

图1　　　　　　　　　　　　　图2　　　　　　　　　　　　　图3

▼冲击结构分解

架

传动装置

插头孔

锤

铁砧

因此锤内侧的凹面沿着铁砧爪 D 旋转，同时锤的后足 C 逐渐转向圆的外侧。结果本来应转向圆外侧的 A 被强制转向内侧。于是在 C 离开铁砧的爪 E 的瞬间，锤的前足 A 冲击砧爪根的 B，如图 2 所示。

这样，锤把冲击加给铁砧，转动其前端的套筒扳手。

锤前足 A 原本受向圆外方向的力，所以 A 刚冲击 B 之后立即像图 3 中的那样进入下一个冲击准备。

反复进行这个动作，使套筒扳手一点一点地冲击性转动。

传动装置、锤、铁砧的碰撞部分难免会磨损，如果不注意这些部分的更换，会影响工作效率。

冲击扳手是将扳手动力化的工具，不但可以紧固螺栓、螺母，还能用于其反面的松动作业。因此相对于气动砂轮机、气动钻只向一个方向旋转，必须使它也向相反方向旋转。其结构简单。把空气入口设在两个地方，用直接连接控制杆的阀把从右进入的空气从左引入，这样旋转方向就相反了。这正是气动机械的便利之处。

气锤

气锤在市场上被称为"风凿"、"凿机"、"铆枪"等。简言之，它是利用压缩空气的膨胀力，让活塞在气缸中像锤子那样撞击的工具。活塞以"质量×速度"完成锤击任务。

根据气锤的敲击对象不同，有用于铆击、钢钎錾凿、加固砂铸型等的气锤。

敲击数根据活塞大小（质量）和冲程长度而有种种变化。用于錾凿、落砂的最高可达

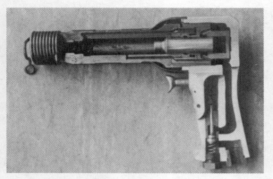

① 把手枪形状的錾剖开，其中像炮弹的部分是活塞。

③ 然而换向阀的前端面Ⓒ比后端面Ⓓ宽（面积大），所以根据面积差，换向阀立即成后退状态④。

② 此为活塞在冲击錾的位置上停止状态。这里，压缩空气沿着图中箭头进入活塞两侧（前室Ⓐ、后室Ⓑ）。

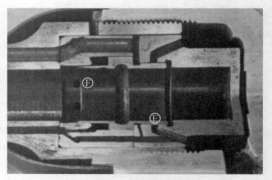

④ 这样一来供气孔Ⓔ被换向阀堵住，从而向活塞后室的供气停止，换向阀后退使活塞后室的排气孔Ⓕ打开。

3800 次 /min；
铁皮锤最好为
2600 次 /min 左
右；用于铆钉的铆接等一般为
1800 次 /min 左右；此外，在土木
工程中用于破碎混凝土的最高为
1200 次 /min 左右；用于推土机等
土木机械的为 60 ~ 170 次 /min。

本页照片是代替钣金作业锤的气锤，锤头上安装着凿子。现在说明其工作原理。

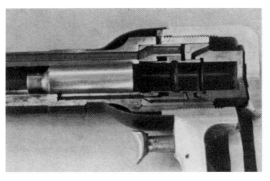

⑤ 由于只向活塞前室供气，靠空气的膨胀力活塞后退。

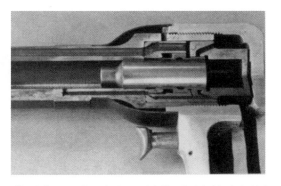

⑦ 因背压上升，在防止活塞撞到后室的后壁形成缓冲的同时，该上升的背压克服换向阀前后端面的面积差使换向阀前进。

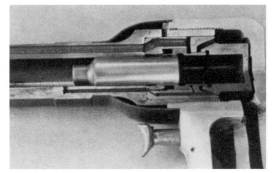

⑥ 活塞后退，超过后室的排气孔，所以后室内的空气堵塞密闭，活塞的背压上升。

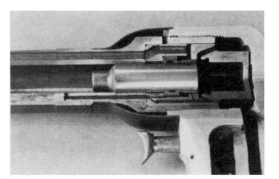

⑧ 由于活塞后室背压的缓冲作用，使活塞前进。因换向阀前进供气孔也打开，力加给活塞后面，活塞高速前进，给凿子以冲击。

其他气动工具

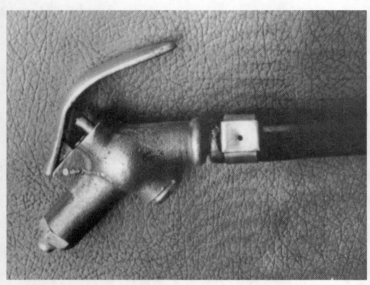

▲气枪，一推控制杆就吹出压缩空气

机械厂中的"喷粉器"、"气枪"之类的工具，它们虽非气动，但也是人们最熟识的工具。这些工具会被配置在每台机床或加工装配工作台的虎钳台软管头处，一推控制杆或一扣扳机就从尖端强势吹出压缩空气。

其作用是清扫小孔中的尘埃，或刮净组合零件表面的尘垢、油污，测定塞规等。

这其中没有什么特殊装置，大多是用弹簧把球压在孔上，用扳机、控制杆等把该球反向推挤露出空隙。后面 6kg/cm² 的压缩空气势头很强地从小孔吹出。

空气的消耗量极少，使用时间也很短，所以即使大量配置，空气的消耗量也很有限。

气动工具除上述有代表性的之外，还有通过高速运动使用的小锉，循环转动的胶带，往复运动的砂布、砂纸等，是在组装、手工修整时使用的各种小修、精加工的工具。

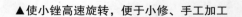

▲使小锉高速旋转，便于小修、手工加工

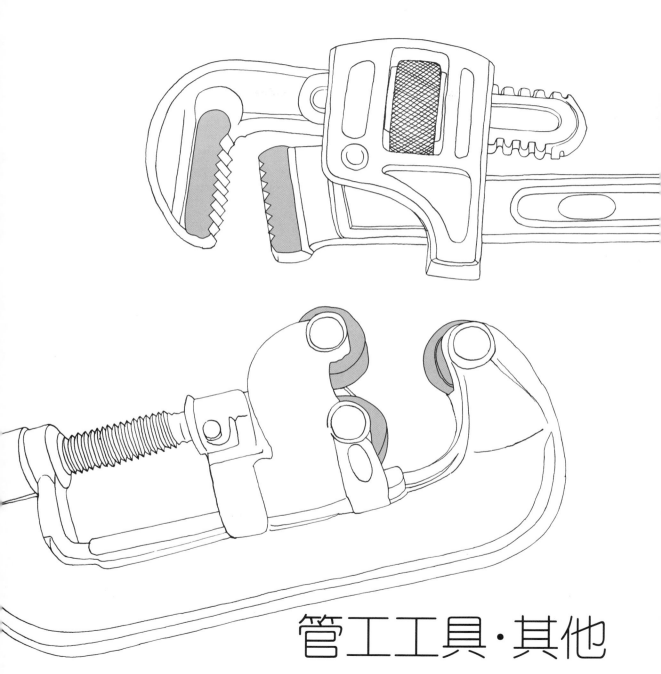

管工工具・其他

切管机

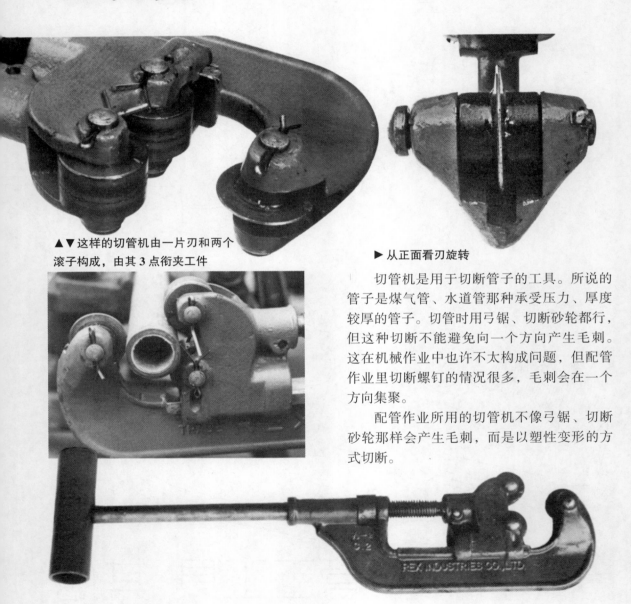

▲▼ 这样的切管机由一片刃和两个滚子构成，由其3点衔夹工件

▶ 从正面看刃旋转

切管机是用于切断管子的工具。所说的管子是煤气管、水道管那种承受压力、厚度较厚的管子。切管时用弓锯、切断砂轮都行，但这种切断不能避免向一个方向产生毛刺。这在机械作业中也许不太构成问题，但配管作业里切断螺钉的情况很多，毛刺会在一个方向集聚。

配管作业所用的切管机不像弓锯、切断砂轮那样会产生毛刺，而是以塑性变形的方式切断。

切管机有两种，一种是一片刃和两个滚轮切断，另一种是用三片刃切断。这种工具的刃不是产生切屑的刃，而是使旋转圆盘的外周锋利。

把要切断的管子夹在切管机的刃之中，转动手柄紧固。此时管子轴与刃平面成直角。之后切管机在管子周围旋转，刃自身也旋转。因为刃比管子硬（$H_RC52 \sim 60, H_V544 \sim 697$)，所以在管子外周产生进给的槽。再用手柄紧固，由两个滚子挤住管子。接连不断地反复进行这个操作，旋转的方向向哪边都无所谓。

被切断的管子自然在内侧出现大的毛刺。

把刃做成三片，使转动的切管机在1/3周内往复最好，这样动作轻松、时间也短。

切管机的规格根据能切断管子的外径有1~5号，一片刃的是1~3号，三片刃的是2~5号。刃数多的用来切断粗的管子（塑性变形的量也多）。

切管机除以上JIS标准件之外，还有用来切断大直径管的连锁型、门型，以及在用动力使管子旋转的同时用人力使刃进给的，更有与切断螺钉用的管螺纹梳形板牙组合的。

配管作业后必须用锥形铰刀进行内侧

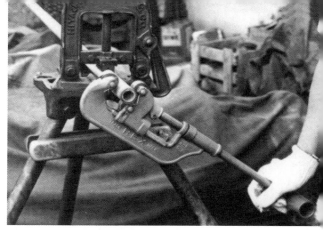

▲一只手紧固手柄同时转动

磨边。

切管机的刃会消耗、破损。切管机与管子成直角转动最合适。另外，在使用切管机时如果扭转、向横向加力时使用方法不当、姿势有误，则刃会出现缺口。

▲三片刃的作业轻松

▲用动力使管子旋转

▲磨边用锥形铰刀

管扳手

圆螺母

可动体

主体

可动体

圆螺母

主体

管扳手是转动管子 pipe 的扳手 wrench。管子大多是圆的，使圆的东西转动操作比较难，因为管子和扳手没有能够卡住的地方。

夹上管子是为了转动时不滑移，用虎钳类紧固可以达到某种程度，但过分紧固中空的管子会将其挤坏。

▲左手按住可动体，右手握住手柄使主体头部两边的齿夹住管子

为了用不挤坏管子范围内的力大力抓住管子使之转动，需要采用特殊结构。

将管扳手分解，可以看出其结构也很简单。管扳手有各种式样，照片左边的是老早就有的形式；右边的是目前常使用的，它更简单，只有三个零件。这么简单的零件构成，其中却有奥秘。

过去农家炕炉上从天棚悬吊着可以伸缩的"自如钩"（炉上吊锅、壶用）。虽没有什么机构却能自由改变高度和支撑重物，就是说加以负荷时任意收紧的力在起作用。管扳手上也有这种"自如"的功能。

这个力的作用是在主体齿和管子的接触点构成的通过管子中心的连线上。此时加于管扳手手柄的力可任意收紧。

下面来讨论一下"咯哒"的程度。①为可动体相对于主体开口最大的状态。若可动体的位置相同，它们到状态②就闭上了，这时钳口两边的齿平行。管扳手之所以能夹持管子转动，是因为钳口两边的齿可以达到这种平行状态或接近平行状态。在自然放置时，内藏弹簧使可动体总是接近①那种状态。这个角度在 JIS 标准中被规定为8°，可以产生像"自如钩"那样的作用。因此在

管扳手的工作过程中，钳口是在 8° 到接近平行 (0°) 之间变化的。

③是把管子放在两齿之间，此时两齿间存在角度构成开口，如照片所示。

在这种状态下使劲往下压主体的手柄，管扳手就处于④的状态，就是说"自如"的任意收紧的力起作用。光从照片上不能很清楚地了解③和④两齿间的角度差。④是闭着的。

当由于主体和活动体间因间隙而形成的接触点移动时，如果超过管子直径位置，则因尺寸缩小而不收紧，不能衔夹管子。

从理论上讲，管扳手和棘轮一样也能用一只手轻松操作。使管扳手返回时，可动体挂着不动，稍拉手柄（主体）就返回。这样做仅是管扳手主体的齿在管面上打滑。只有收紧时才使之咬住。不过这是熟练操作者的

方法，一般还是像照片中那样用双手操作才不会出错。

管扳手的规格用所能夹最大外径的管子时的全长来表示，所能夹的管子外径的范围 JIS 标准规定了 200 ~ 1200 的 8 种。

无论谁都知道操作管扳手该工具"咯哒咯哒"响得很厉害，实际上这个"咯哒"是有意义的。

管子铰板（梳形板牙型）

管子上所加工出的螺纹在 JIS 标准中被称为"管用螺纹"，其中规定了很多内容。然而普通家庭中所见的水道、煤气配管，工厂中所见的压缩空气、油压结构的配管等所用的小口径管，其内螺纹大多是柱螺纹，外螺纹是 1/16 锥螺纹。

管子铰板是用来套制管子外螺纹的，管螺纹梳形板牙型如本页照片所示。

其刀具"板牙"是 4 个一

▲板牙刀具有 1~4 号，是根据管径和螺距以及螺纹梳刀的槽到尖端的长度规定的。管径在板牙后端标识

组，其上标有 1~4 的号，为所能加工的规格。因是将螺纹的一个螺距 4 等分，所以每 1/4 螺距如果移位顺序混乱就不能形成正确的螺纹。

特殊的管螺纹只有 1in 以上的管子，每 1in 牙数为 11、1/2, 3/4in 的牙数为 14, 1/4、3/8in 的牙数为 19, 1/8in 的牙数为 28，共有 4 种螺距。

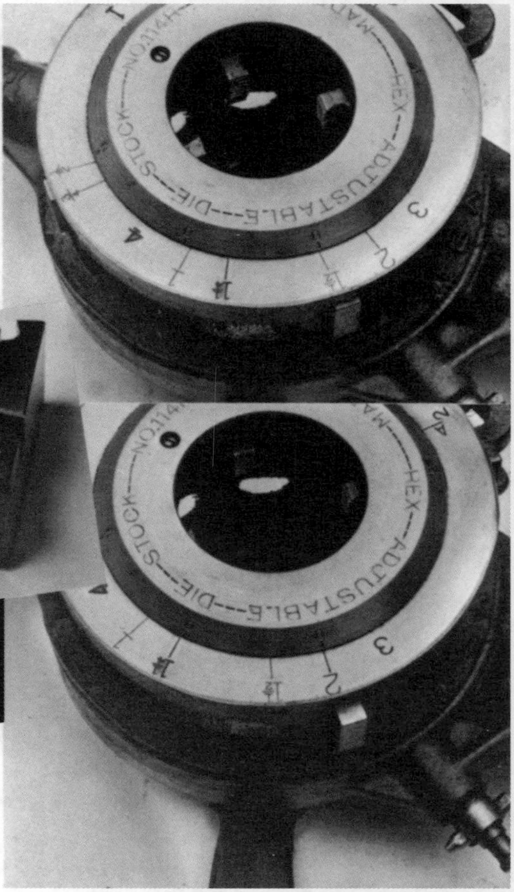

▲规格为 104 的管子铰板，采用相同的板牙，根据管径安置位置不同，其刃尖露出方式也不同。上图是定位在 $1\frac{1}{2}$ in、下图是 2

管子铰板有 4 种规格，使用得最多的是型号最小的 102。它可以切削管外径为 42.7mm，螺纹尺寸代号为 $1\frac{1}{4}$ 以下 6 种包

▲板牙安装在圆板上,右手操作偏心手柄可进行粗、精加工。板牙能后退

▲管子铰板的管入口处,后部的爪与管径相合,旋转操作使管子出入

括 3 种螺距的螺纹。所以板牙螺距为 3 种,将其定位径(刃的径向位置)分别定为 2 种(总共 6 种),并带有刻度。

套制螺纹时与粗加工作业中板牙(圆板牙)的使用方法一样。只是其整体稍大,一只手按推的同时,另一只手转动手柄,到牙数为 3~4 稳定后只用手柄转动即可。

若一次套制螺纹的切削量较大,可把刀具的定位径分成两段,就是说也有将粗加工、精加工分开的导轨。

螺纹切削结束后操作偏心手柄,圆板的凸起部分和板牙的槽咬合,板牙后退,使之原封不动地离开管子。如果一下子使其后退,则板牙会从咬合部位急剧脱出而损坏螺纹。为避免出现这种情况,要慢慢操作偏心手柄,让板牙一点一点地脱出。

板牙安装在同样的管子铰板上,由于要对外径不同的管子套制螺纹,所以其长度——不如说从板牙上的槽到刃头的长度是不同的,即使是相同的螺距也要错开安装位置。

▲一只手推管子铰板,同时另一只手转动手柄,刃如果进给则应旋转手柄

管子铰板（导引型）

导引型是本页照片上的工具，比管螺纹梳形板牙型小得多，而且很轻。

小而轻的工具便于配管者移动作业。导引型的板牙由2个构成一组，刃数为4。1个板牙中2枚刃的相互位置是固定的，不能像螺纹梳形板牙型那样同一螺距的螺纹设置位置错开使用。所以螺距相同时，外径如果改变，板牙也必须改变。

在套制螺纹时，和管螺纹梳形板牙型一样。套制结束后，因为没有使板牙后退的结构，这里如果不使之逆转就不能使其脱离。导引型带有爪轮结构，若使其齿离开，不用操纵长手柄，只使主体轻轻逆转即可。

最近具备切管机、管子铰板、锥形手铰机，用动力使管子旋转的机械已普及，

配管专业工作几乎动力化。因此小型、轻量导引型的优点已不存在，所以不太能见到了。

▲根据管径不同，刃的相互位置也不同

▲导引型（左）和管螺纹梳形板牙型刃的比较

管子台虎钳

为切断管子和在管子上加工出螺纹，必须要把管子固定住。起固定作用的钳子就是管子台虎钳。像普通钳子那样，在平行面上仅靠钳口夹持是不稳定的，为此而有管加工专用的台虎钳。

结构从照片可以了解，没有特殊的结构。

把管子放入钳中并将其闭合，侧边的锁扣扣紧使管子固定，用手柄转动螺栓，上下齿紧密咬合，性能和精度都不成问题。

上下齿没有达到所需硬度（$H_RC45 \sim 55$）不行。在上下齿 V 形槽之间夹进圆管，上下齿的锯齿卡住管子使其不滑动。

齿可以简单交换。

规格是将被紧固的管外径最大尺寸抹去零数，有 80、105、130、170 这 4 种。

管子台虎钳安装在木制作业台、管制支架上使用。

▲也有这种形状的齿

▲管子夹在钳上，扣紧锁扣，紧固螺栓

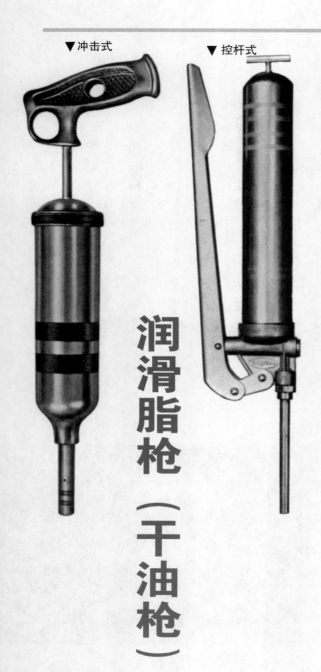

▼冲击式　　　▼控杆式

润滑脂枪（干油枪）

润滑脂枪是给润滑脂螺纹接头供给润滑脂的工具。润滑脂螺纹接头如照片所示。内部的钢球被弹簧从下面推挤堵住上面的口。为了向该螺纹接头注入润滑脂，必须克服弹簧推挤钢球的力。

因为需要该力把润滑脂强力推挤出去，所以称之为"枪"。

润滑脂枪上有用P表示的"冲击式"和用L表示的"控杆式"。把润滑脂容量作为"公称容量"，JIS标准中对P规定了50、100、150三种规格；对L规定了100、150、200、300四种规格，单位均为mL。实际上JIS标准以外容量的也有不少。P和L的区别根据照片可以了解。冲击式是压后端的手柄，控杆式是压控制杆，把润滑脂挤出去。

▲润滑脂螺纹接头

也可以说，润滑脂克服润滑脂螺纹接头弹簧的力，而且必须能供给一定量的润滑脂。下面介绍控杆式润滑脂枪。

充满润滑脂的地方称为"油筒"。如推压从后面伸出的手柄，则内部的润滑脂就被推向出口。油筒内装着严密的合成橡胶衬垫。当从背后推螺旋弹簧时，衬垫就推压润滑脂。

这种状态抬高了润滑杆，润滑脂受挤进入柱塞。

接着往下压控制杆，柱塞内的润滑脂受活塞推挤被送出。此刻的排出量为冲击式在 0.3mL 以上、控杆式的在 0.6mL 以上。

但是克服螺纹接头弹簧力的状态，即因载荷大小的不同润滑脂的排出量有大的变化，这样会带来困难，所以在预定负载 5kgf/cm² 的场合，冲击式为 30kgf/cm²、控杆式为 60kgf/cm² 时，预定数字可定为 80%以上。

螺纹接头内有弹簧，所以即使挤进润滑脂，也没有被挤回的可能性。

润滑脂枪的注油管头前面装有和螺纹接头一样的结构——用弹簧推钢球的"单向阀"，使得润滑脂不能返回原处。

这样还是会有一个使用上的问题。即润滑脂枪要直对着螺纹接头，若不如此，则被挤出的润滑脂不能进入螺纹接头而向旁侧溢出。

为了不出现这种情况，要在注油管头前端安装卡盘式（把普通的称为直接式）部件，夹住螺纹接头处。

还有，在向润滑脂枪装入润滑脂时，把油筒和主体拉开，将油筒的前边插入润滑脂中并拉手柄，润滑脂就被吸入油筒内。

◀ 润滑脂被压向柱塞孔

◀ 润滑脂被活塞推挤

◀ 从喷嘴挤出

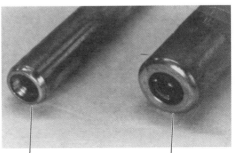

◀ 注油管头前端

直接式　　　　卡盘式

159

▲从前的金属注油器，如今不太能见到了

注油壶

注油壶也叫オイラ（加油器），在英语中是 oiler。注油壶现在已经不是金属制的了，几乎全是树脂（聚乙烯）的。

很复杂的化学制品另当别论，单说这聚乙烯取代金属就有其相应的理由和优点。

现在市场上到处都有注油壶，其形状各种各样，如本页照片所示。

无论在哪里，注油壶都会沾满油。怎样能消除这种情况呢？油壶的口即注油口周围充满油，曾设想过种种防止漏油的办法。可是油的粘度、表面张力较小，同时考虑到注油壶各嵌合部分的精度和树脂的成型性，很难要求像水壶那样干净，其前端、头周围渗油、漏油是很难避免的。

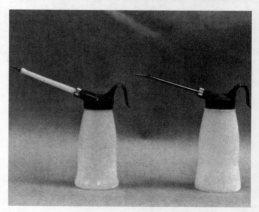

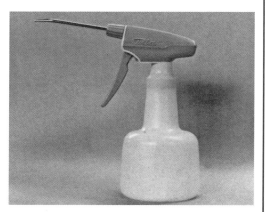

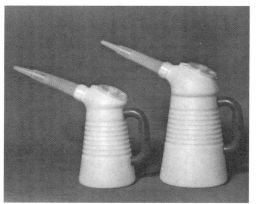

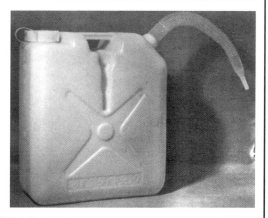

▶即使再倾斜油
也不会出来。挤
压躯干时，虽然
油能出来，但不
方便

▶这是把管插入
给油口根部，这
样底下的油也能
出来。弯管前端
盖盖上时，要注
意往前

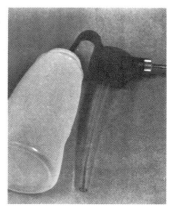

▶压下金属制的
注油口，到容器
底部时入口关
闭。把其倒过来
也不漏油

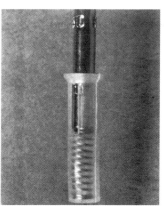